高等职业教育系列教材

建筑力学练习册

主　编　刘思俊

参　编　乔　琳　樊爱珍　翟芳婷

机 械 工 业 出 版 社

本练习册是为机械工业出版社《建筑力学》(ISBN:978-7-111-36506-8,刘思俊主编)的配套练习教材。主教材《建筑力学》、建筑力学多媒体教学课件和《建筑力学练习册》组成了一套精品教材体系。

本着强化基础训练,注重提高质量的原则,练习册的编写采用标准化习题的命题模式,按照课节编排习题,与教学内容吻合、与教学进度同步。全书共编排48个练习,书后附有参考答案,便于学生进行自检纠错。本练习册还编有习题详解供选用本书的教师免费下载。

由于本练习册是按课节内容编排习题的,因而具有很好的适应性,也可作为高职高专其他建筑力学教材的辅助教材。

图书在版编目(CIP)数据

建筑力学练习册/刘思俊主编. —北京:机械工业出版社,2012.7(2023.6重印)
高等职业教育系列教材
ISBN 978-7-111-38263-8

Ⅰ.①建… Ⅱ.①刘… Ⅲ.①建筑科学—力学—高等职业教育—习题集 Ⅳ.①TU311-44

中国版本图书馆 CIP 数据核字(2012)第 088719 号

机械工业出版社(北京市百万庄大街22号 邮政编码100037)
策划编辑:李大国 责任编辑:李大国
版式设计:霍永明 责任校对:纪 敬
封面设计:马精明 责任印制:常天培
固安县铭成印刷有限公司印刷
2023 年 6 月第 1 版第 9 次印刷
184mm×260mm·6.75 印张·154 千字
标准书号:ISBN 978-7-111-38263-8
定价:22.00 元

电话服务　　　　　　　网络服务
客服电话:010-88361066　机 工 官 网:www.cmpbook.com
　　　　　010-88379833　机 工 官 博:weibo.com/cmp1952
　　　　　010-68326294　金 书 网:www.golden-book.com
封底无防伪标均为盗版　机工教育服务网:www.cmpedu.com

前　言

本练习册是为机械工业出版社《建筑力学》(ISBN:978-7-111-36506-8,刘思俊主编)的配套练习教材。主教材《建筑力学》、建筑力学多媒体教学课件和《建筑力学练习册》组成了一套精品教材体系。

本着强化基础训练,注重提高质量的原则,练习册的编写采用标准化习题的命题模式,按照课节题目编排习题,具有以下特点:

(1) 注重加强了力学基本概念和基本理论的应用训练,有利于培养学生的力学素质和提高学生的应用能力。

(2) 按照课节教学内容编排习题,与教学内容吻合、与教学进度同步。

(3) 练习题侧重于本课节基本知识的应用,对于课节内容的重点和难点,一般都进行了多次重复。

(4) 所有习题都经过了精心挑选,避免了偏题和难题,使习题难易适度,题量适中。

(5) 练习册后附有习题参考答案,便于学生进行自检纠错。

本练习册还编有习题详解,选用本书的教师可登录机械工业出版社教育服务网www.cmpedu.com免费下载(咨询电话:010-88379375)。

本练习册在编写过程中,综合考虑了高职高专、电大和成人高校各类学生的入学基础和课程教学大纲所提出的教学要求,特别是按课节进行题目编写的方式,对青年教师组织课堂教学具有一定的指导意义。同时,这种编写方式使得本练习册具有良好的适应性,也可作为其他建筑力学教材的配套用书。

本练习册由刘思俊主编,乔琳、樊爱珍、翟芳婷参与了编写。

由于编者水平有限,练习册中难免存在疏漏和不妥之处,敬请批评指正。

编　者

目　　录

第 一 章
静力学基础知识

练习一 （绪论 力的基本概念和公理）

一、填空

1. 建筑力学是工程建筑类专业一门重要的_____课程。建筑力学的研究对象主要是_____。建筑力学的任务就是在满足构件既_____又_____的条件下，为设计构件提供_____和实用的_____。

2. 力是物体间相互的_____作用，这种作用使物体的_____和_____发生改变。

3. 物体机械作用有大小和方向，可用一个有向线段表示。一个机械作用用_____个力表示；相互机械作用用_____个力表示。

4 平衡力系是合力等于_____的力系；物体在平衡力系作用下总是保持_____或_____运动状态；_____是最简单的平衡力系。

5. 作用两个力处于平衡的构件称为_____，此两力的作用线必过这两力作用点的_____。

6. 作用三个力处于平衡的构件称为_____，若已知两个力的作用线，则第三个力的作用线必过前两个力作用线的_____。

7. 物体相互机械作用的作用力与反作用力总是大小_____，方向_____，作用线_____，分别作用在_____个物体上。

二、选择

图 1-1a 所示球体吊在顶板上受(_____)力作用处于平衡；图 1-1b 所示球体吊在墙壁上受

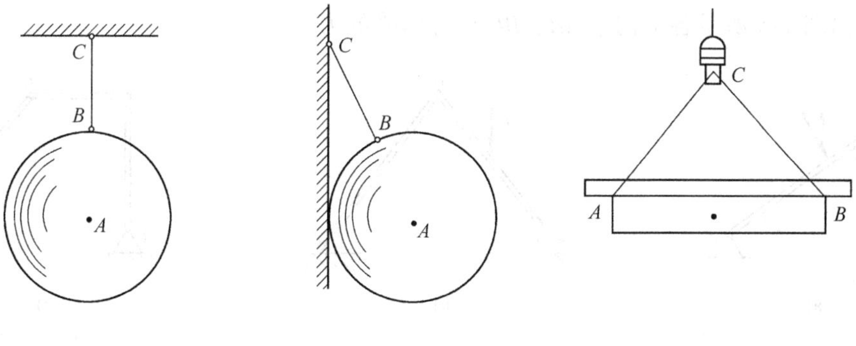

a)　　　　　　　b)　　　　　　　c)

图　1-1

（　　）力作用处于平衡；吊车起吊预制梁，预制梁受（　　　）力作用处于平衡。

    A. 一个   B. 两个   C. 三个   D. 四个

三、判断

1. 作用于物体的力可沿其作用线移动，不改变原力对物体的外效应。（　　　）

2. 构件在等值、反向、共线的二力作用下一定处于平衡。（　　　）

3. 作用两个力的构件是二力构件（　　　）；作用两个力处于平衡的构件，是二力构件（　　　）。

四、作图

1. 在图 1-2 所示物体的 B 点上画出作用力，使物体处于平衡。

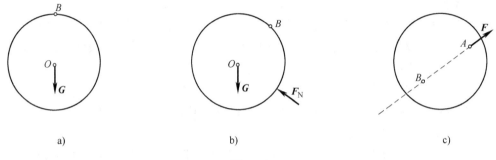

图　1-2

2. 在图 1-3 所示构件的 A、B 两点上画出作用力，使构件处于平衡。

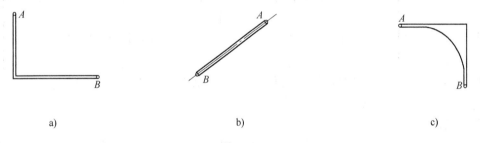

图　1-3

3. 画出图 1-4 所示各结构中 AB、BC 杆件所受的力。

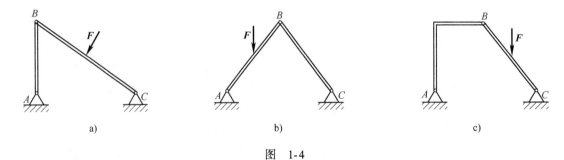

图　1-4

练习二 （约束和约束力）

一、填空

1. 限制物体运动的_____称为该物体的约束；促使物体产生运动或运动趋势的力称为_____，限制物体运动或运动趋势的力称为_____。

2. 本节已经学习的约束模型有_____种。

3. 柔体约束的约束力沿柔体的_____，_____受力物体。

4. 光滑面约束的约束力沿接触面的_____，_____受力物体。

5. 铰链约束可分为_____铰、_____铰支座和_____铰支座。

（a）中间铰和固定铰支座限制了两构件之间的相对移动，不限制相对转动。当中间铰或固定铰支座约束等于力构件时，约束力方向_____，沿二力构件两个力_____的连线；当中间铰或固定铰支座没有约束等于力构件时，约束力方向_____，用_____表示。

（b）活动铰支座的约束力垂直于_____，_____物体。

二、选择

图 1-5a 中的 AB 杆，在 A 点受到（　　）约束，在 C 点受到（　　）约束。图 1-5b 中的 AB 杆，在 A 点受到（　　）约束，在 B 点受到（　　）约束，在 E 点受到（　　）约束。

A. 柔体　　　　　　B. 光滑接触面　　　　　　C. 固定铰链　　　　　　D. 活动铰链

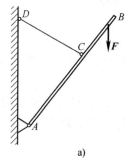
a)

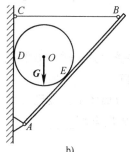
b)

图　1-5

三、作图

在图 1-6 所示各构件的简图上画出其约束力（注意约束力的作用线、指向和表示符号）。

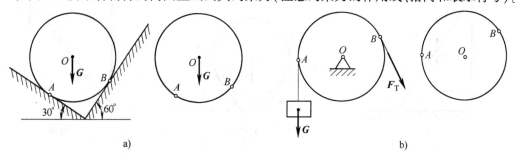
a)　　　　　　　　　　　　　　　　　　　　　b)

图　1-6

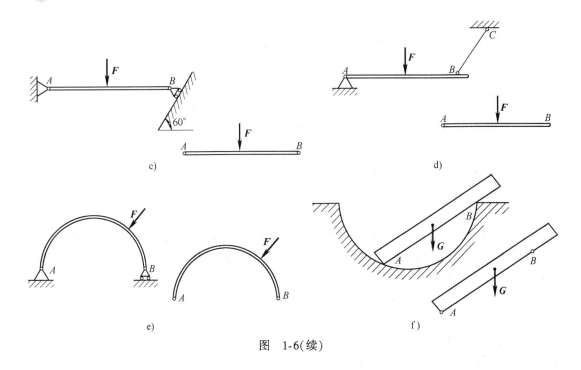

图 1-6(续)

练习三 （构件的受力图）

一、填空

1. 进行构件受力分析时，需要把构件从与它周围物体的联系中分离出来，画出该构件的简图，称为解除_____取_____体。

2. 在构件的分离体上，按已知条件画出_____力；按不同约束模型的约束力的方向、指向和表示符号画出全部_____力，得到的图形称为构件的受力图。

二、作图

1. 分别画出图1-7所示各结构中指定构件的受力图。

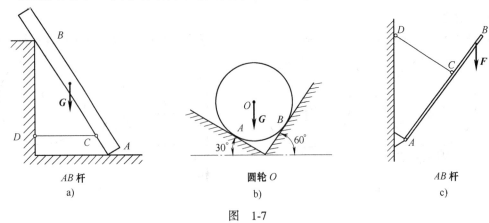

图 1-7

2. 分别画出图 1-8 所示各结构中指定构件的受力图。

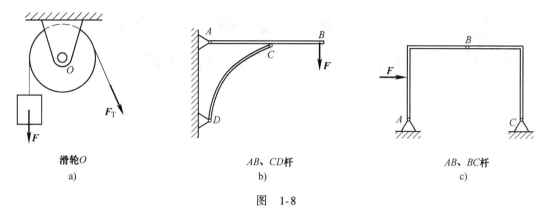

滑轮O

a)

AB、CD杆

b)

AB、BC杆

c)

图　1-8

3. 分别画出图 1-9 所示各结构中指定构件的受力图。

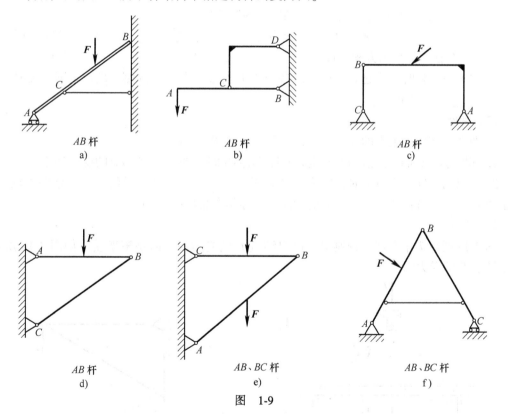

AB 杆

a)

AB 杆

b)

AB 杆

c)

AB 杆

d)

AB、BC 杆

e)

AB、BC 杆

f)

图　1-9

第 二 章
平面汇交力系和力偶系

练习四 （力的投影　平面汇交力系的平衡）

一、填空

1. 过力矢量的两端向_____作_____，两垂足在坐标轴上截下的这段长度称为力在坐标轴上的投影，力的投影是_____量，有正负之分。

2. 力沿直角坐标轴方向分解，通常过力 F 矢量的两端向坐标轴作平行线构成矩形，力 F 是矩形的_____，矩形的_____是力 F 的两个正交分力 F_x、F_y。

3. 已知一个力的两个投影 F_x、F_y，那么这个力的大小 $F =$ _____，方向角 $\alpha =$ _____。（α 角为 F 力作用线与 x 轴所夹的锐角）

4. 平面汇交力系平衡的必要与充分条件是力系的_____，由平衡条件可以得到_____个独立的平衡方程，即 $\sum F_x =$ _____，$\sum F_y =$ _____。

5. 列平衡方程时，要建立坐标系求各分力的投影，为运算方便，坐标轴通常要选在与未知力_____的方向上。

二、判断

1. 两个力在同一轴上的投影相等，此两力一定相等。（　　　）

2. 如果力在某轴上的正交分力与坐标轴的正方向相同，则这个力在该轴的投影为正。（　　　）

3. 解出的未知力为负值时，①表示受力图画错（　　　）；②表示约束力的指向画反，应改正受力图（　　　）；③表示约束力的指向与实际指向相反（　　　）。

三、作图

图 2-1a 所示为吊车起吊预制梁，画出结点 C 的受力图。简易桁架受力如图 2-1b 所示，画出结点 B 的受力图。

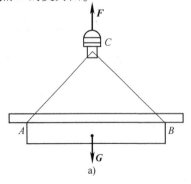

a)

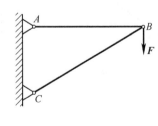

b)

图　2-1

四、计算

1. 图 2-2 所示桁架铆接结点在铆孔 A、B、C 处受力作用，已知：$F_1 = 1000\text{N}$，$F_2 = 500\text{N}$，$F_3 = 500\text{N}$，求该力系的合力 F_R。

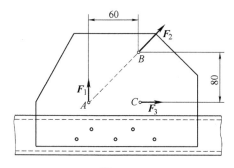

图 2-2

2. 图 2-3 所示 AB 杆和 AC 杆铰接于 A 点，在 A 销上挂一重为 G 的物体，求 AB 杆、AC 杆所受的力。

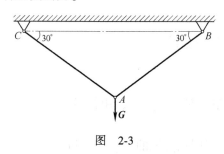

图 2-3

3. 图 2-4 所示支架在 B 销上作用力 F，求 AB 杆和 BC 杆所受的力。

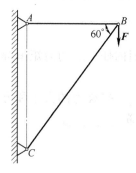

图 2-4

4. 图 2-5 所示桁架，已知 $\alpha=30°$，A 铰结点作用荷载 $G=10\text{kN}$，试求 1、2 杆所受的力。

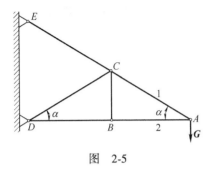

图　2-5

练习五　（力矩和平面力偶）

一、填空

1. 力矩是力使物体产生_____效应的量度，其单位是_____，用符号_____表示。力矩有正负之分，_____转向规定为正。

2. 力系合力对某点的力矩，等于该力系各_____对同点力矩的_____和。

3. 求力矩时，若力臂不易确定，可将平面力沿坐标轴方向正交分解，得到两个正交分力_____、_____。F 力对某点 O 的力矩，就等于 F 力的两个正交分力 F_x、F_y 对 O 点力矩的_____，用公式表示为 $M_O(F)=$ _____。

4. 大小_____，方向_____，作用线_____的一对力称为力偶；力偶的单位是_____。力偶对物体产生的_____效应，取决于力偶的_____、_____、_____三个要素。

5. 力偶在坐标轴上的投影等于_____；平面力偶对其作用平面内任一点的力矩恒等于其_____。

6. 力向作用线外任意点平移，得到一个_____和一个_____，平移力的大小和方向与平移点的位置_____，附加力偶矩的大小和转向与平移点的位置_____。

二、判断

1. 力矩为零表示力作用线通过矩心或力为零。（　　　）

2. 力对物体的转动效应是由力偶引起的（　　　）；一个力矩仅是一个力偶矩的替代运算（　　　）。

3. 由平移定理知，平面上一个力和一个力偶可以简化成一个力。（　　　）

三、选择

1. 图 2-6 所示半径为 r 的鼓轮，作用力偶 M，与鼓轮右边重 G 的重物使鼓轮处于平衡，轮的状态表明(   )。

A. 力偶可以与一个力平衡   B. 力偶不能与一个力平衡

C. 力偶只能与力偶平衡   D. 一定条件下，力偶可以与一个力平衡

2. 图 2-7a、b 所示平面力偶 $M=10\text{kN}\cdot\text{m}$，$d=0.5\text{m}$，则其在 x 轴的投影等于(   )；在 y 轴的投影等于(   )；对 O 点的力矩等于(   )。

A. $10\text{kN}\cdot\text{m}$ B. $5\text{kN}\cdot\text{m}$ C. 5kN D. 0

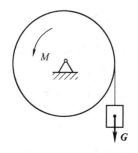

图 2-6

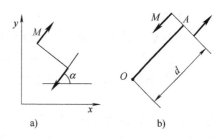

图 2-7

四、计算

求图 2-8 中各 F 力对 O 点的力矩。

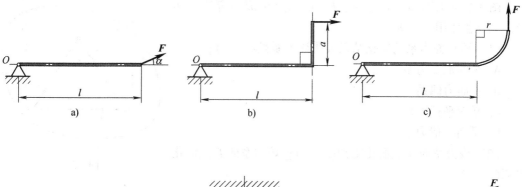

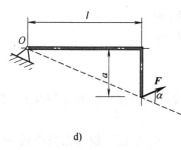

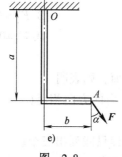

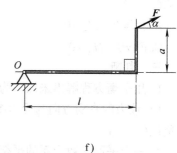

图 2-8

第 三 章
平面一般力系

练习六　（平面一般力系平衡方程）

一、填空

1. 平面一般力系向平面内任一点简化得到一主矢 F'_R 和一主矩 M_R，主矢的大小 $F'_R =$ ＿＿＿＿＿，作用点在＿＿＿＿上；主矩的大小 $M_R =$ ＿＿＿＿，作用在＿＿＿＿上。

2. 主矢大小和方向与简化中心的选取＿＿＿＿，主矩的大小和方向与简化中心的选取＿＿＿＿。

3. 平面一般力系的平衡条件是＿＿＿＿，＿＿＿＿。

4. 列平衡方程时，为便于解题，通常把坐标轴选在与未知力＿＿＿＿的方向上，把矩心选在＿＿＿＿的交点(或作用点)上。

二、选择

图 3-1 所示物体平面上 A、B、C 三点构成一等边三角形，三点各作用一个 F 力，

(1) 该平面力系的简化结果表明该力系是(　　　)；

A. 平面汇交力系

B. 平面力偶系

C. 平面平行力系

D. 平面一般力系

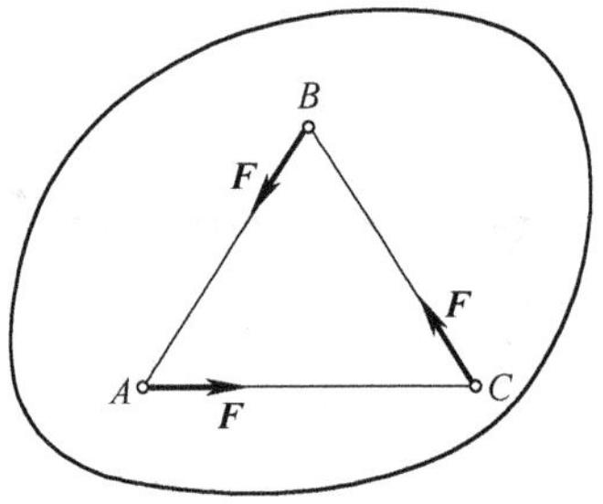

(2) 该力系向 A 点简化得到(　　　)；该力系向 B 点简化得到(　　　)。

图　3-1

A. $F'_R = 0$　　$M_R = 0$　　　　　　　B. $F'_R = 0$　　$M_R \neq 0$

C. $F'_R \neq 0$　　$M_R = 0$　　　　　　　D. $F'_R \neq 0$　　$M_R \neq 0$

三、判断

1. 用平衡方程解出未知力为负值，则表明

1) 该力的真实方向与受力图上力的方向相反(　　　)；2) 该力在坐标轴上的投影一定为负值(　　　)。

2. 一个平面一般力系的平衡方程只能列出三个(　　　)；一个平面一般力系只能列一组三个独立的平衡方程，解出三个未知数(　　　)。

四、计算

1. 画图 3-2 中各 AB 杆的受力图，并求出约束力。已知作用力 F，集中力偶 $M=Fa$。

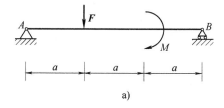

a)

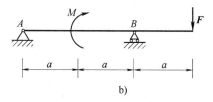

b)

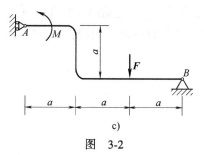

c)

图 3-2

2. 图 3-3 所示托架，求 *AB* 杆 *A* 点的约束力及 *CD* 杆所受的力。

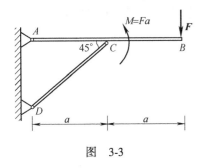

图　3-3

3. 图 3-4 所示刚架，已知 $F = 10\text{kN}$，$M = 10\text{kN} \cdot \text{m}$，$a = 2\text{m}$，试求刚架 *AB* 的约束力。

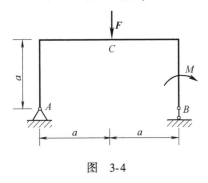

图　3-4

4. 图 3-5 所示起重机的重量为 $G = 500\text{kN}$，最大起重荷载 $F_{\max} = 250\text{kN}$，已知 $a = 6\text{m}$，$b = 3\text{m}$，$e = 1.5\text{m}$，$l = 10\text{m}$。要使起重机满载时不向右倾倒，空载时不向左倾倒，试确定平衡锤重量 *Q* 的取值范围。

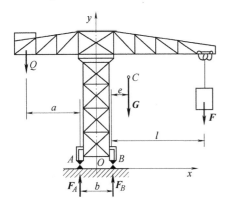

图　3-5

练习七 （固定端约束 均布荷载求力矩）

一、填空

1. 平面固定端约束的约束力可以用一组两个正交分力 F_x、F_y 和一个约束力偶矩 M_A 表示，F_x、F_y 限制了构件杆端的随意_____，M_A 限制了构件杆端的随意_____。

2. 均布荷载 q 的单位是_____；均布荷载的简化结果为一合力 F_R。分布长度为 l 的均布荷载 q，其合力大小 $F_R =$ _____，合力 F_R 的作用点在其分布长度的_____上，方向与_____一致。

3. 均布荷载对平面上任一点的力矩，等于均布荷载的合力 F_R 乘以分布长度的_____到_____的距离。

二、计算

1. 图 3-6 所示各梁作用均布荷载 q，集中力 $F = qa$，集中力偶 $M = qa^2$，求梁的约束力。

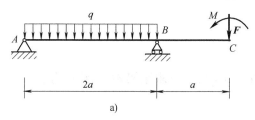

a)

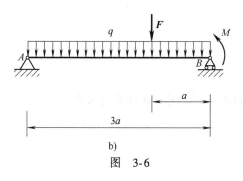

b)

图 3-6

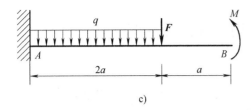

c)

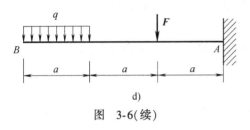

d)

图 3-6(续)

2. 图 3-7 所示刚架，已知 $F = 10\text{kN}$，$q = 2\text{kN/m}$，$a = 2\text{m}$，试求刚架 AB 的约束力。

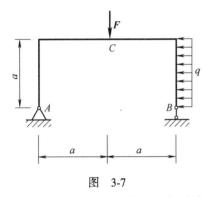

图 3-7

3. 图 3-8 所示托架，已知均布荷载 q，集中力偶 $M = qa^2$，求 AB 杆的约束力。

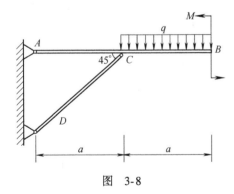

图 3-8

练习八 （物体系统的平衡）

一、填空

1. 静定问题是指力系中未知数的个数_____独立平衡方程的个数，全部未知数可由独立平衡方程式_____的工程问题。超静定问题是指力系中未知数的个数_____独立平衡方程的个数，全部未知数_____由平衡方程解出的工程问题。

2. 系统以外物体对系统的作用力是物系的_____，物系中各构件间的相互作用力是物系的_____。画物系受力图时，只画出_____，不画出_____。

二、选择

各平面力系，独立平衡方程的个数分别是：一般力系（　　）；汇交力系（　　）；平行力系（　　）；力偶系（　　）。

A. 1 个　　　　　　　B. 2 个　　　　　　　C. 3 个　　　　　　　D. 4 个

三、计算

1. 图 3-9 所示连续梁，已知 F，$M=Fa$，试求 A、D 的约束力及 C 铰所受的力。

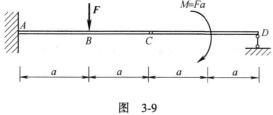

图　3-9

2. 图 3-10 所示连续梁，已知 q，$F=qa$，试求 A、C 的约束力及 B 铰所受的力。

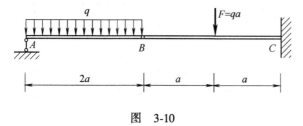

图　3-10

3. 图 3-11 所示连续刚架，已知 q，$F=qa$，试求 A、B 的约束力及 C 铰所受的力。

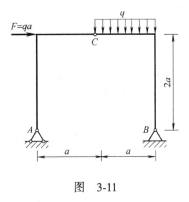

图　3-11

4. 图 3-12 所示连续刚架，已知 q，$F=qa$，试求 A、B 的约束力及 D 铰所受的力。

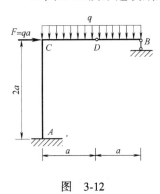

图　3-12

5. 图 3-13 所示组合刚架，已知 $F = 10\text{kN}$，$\alpha = 45°$，试求组合刚架中 1、2 杆所受的力。

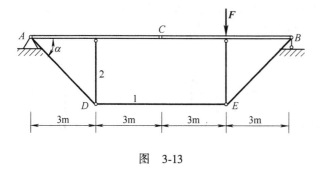

图　3-13

练习九 （考虑摩擦时构件的平衡）

一、填空

1. 物体接触面间产生相对滑动或滑动趋势时，就存在阻碍物体间相对滑动或相对滑动趋势的力，称为_____；有相对滑动时为_____摩擦力，有相对滑动趋势时为_____摩擦力。

2. 静摩擦力的方向与滑动趋势的方向_____，静摩擦力随滑动趋势的增大而_____。静摩擦力的最大值 $F_{fmax} =$ _____。

二、选择

图 3-14 所示各物块在力 $F(F \neq 0)$ 作用下处于临界状态，最大静摩擦力 $F_{fmax} = G\mu_s$ 的是（　　）图；$F_{fmax} > G\mu_s$ 的是（　　）图；$F_{fmax} < G\mu_s$ 的是（　　）图。

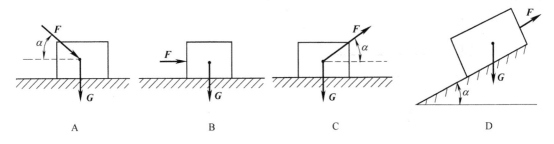

A　　　　　　　　B　　　　　　　　C　　　　　　　　D

图　3-14

三、计算

1. 图 3-15 所示重 G 的物块与斜面间的静摩擦因数为 μ_s，已知斜面倾角为 α，求物块处于上滑临界状态时的力 F 值。

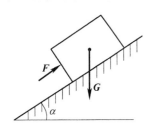

图　3-15

2. 图 3-16 所示 A、B 两物块分别重 G_1、G_2，A 与 B 间的静摩擦因数为 μ_{s1}，B 与水平面间的摩擦因数为 μ_{s2}，水平方向作用力 F 后，(1)画 A、B 两物块的受力图；(2)求 A 物块处于临界状态时的力 F 值；(3)求 A 物块处于临界状态时，A 与 B 间的静摩擦力 F_{fB}。

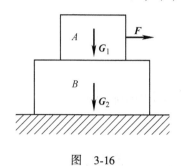

图　3-16

3. 图 3-17 所示绞车鼓轮半径 $r = 0.15$m，制动轮半径 $R = 0.25$m，重物 $G = 1000$N，$a = 1$m，$b = 0.4$m，$c = 0.5$m，制动轮与制动滑块间的静摩擦因数 $\mu_s = 0.6$，求绞车刹车后使物块不致下落，加在杆端 B 上的力 F 至少应有多大？

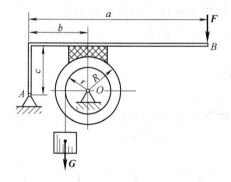

图　3-17

第 四 章
轴向拉伸与压缩

练习十 （材料力学概念 轴向拉(压)杆的内力）

一、填空

1. 强度是指构件抵抗_____的能力，刚度是指构件抵抗_____的能力。

2. 材料力学的任务是，在保证构件既_____的前提下，为构件选择_____的材料，设计_____的截面形状和尺寸，提供必要的_____和实用的_____。

3. 杆件的基本变形形式是_____、_____、_____、_____。

4. 轴向拉(压)杆的受力特点是：外力(或合外力)沿杆件的_____作用。

5. 轴向拉(压)时杆件的内力称为_____，用符号_____表示。

6. 截面法是求截面内力的_____方法。由截面法求轴力可以得出简便方法：两外力作用点之间各截面的轴力_____；任意 x 截面的轴力 $F_N(x)$ 等于 x 截面左侧(或右侧)杆长上轴向外力的_____。

二、选择

1. 构件在外力作用下，能否安全、正常地工作，取决于构件是否具有足够的( )。通常把构件抵抗破坏的能力称为( )，构件抵抗变形的能力称为( )，受压杆件保持直线平衡状态的能力称为( )。

 A. 强度
 B. 刚度
 C. 稳定性
 D. 承载能力

2. 材料在外力作用下会产生( )，随外力解除能够消失的变形称为( )；不能消失的变形称为( )。材料力学研究构件的变形限定在( )的范围内。

 A. 变形
 B. 弹性变形
 C. 塑性变形
 D. 弹性小变形

3. 图 4-1 所示构件，图( )发生轴向拉伸变形，图( )发生轴向压缩变形，图( )不发生轴向拉伸和压缩变形。

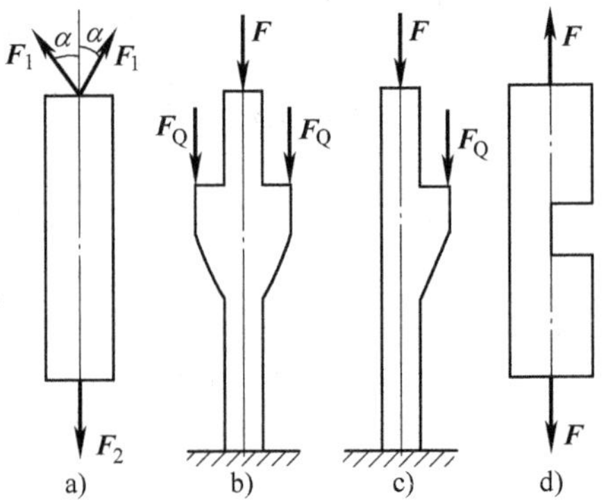

图 4-1

4. 图 4-2 所示杆件其 1-1 截面的轴力是（   ），2-2 截面的轴力是（   ）。

A. 6kN

B. 9kN

C. 3kN

D. −3kN

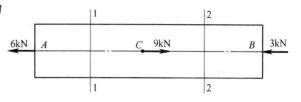

图 4-2

三、判断

1. 截面法是材料力学求内力的基本方法（   ）。

2. 应用截面法求内力，截面选在外力作用点处（   ）；截面选在外力作用点的临近处（$\Delta \to 0$）（   ）。

四、作图与计算

图 4-3 所示杆件受轴向外力作用，求指定截面的轴力，并画出轴力图。

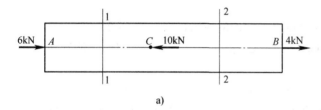

a)

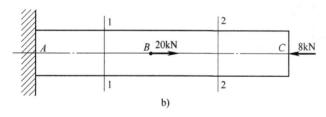

b)

图 4-3

练习十一 （拉(压)杆的应力和强度计算）

一、填空

1. 应力是内力在截面的_____，其单位用_____表示。通常把垂直于截面的应力称为_____应力，用符号_____表示。

2. 通过实验观察和平面假设可以推知，轴向拉(压)杆横截面上有_____于截面的_____应力，且在截面上是_____分布的。

3. 为了保证拉(压)杆能够安全、正常地工作，其最大的工作应力必须小于或等于材料的_____，表达式为_____，此式称为拉(压)杆的_____准则。

4. 用强度设计准则可以解决拉(压)杆强度计算的_____类问题，即校核_____、设计_____、确定_____。

二、选择

截面相同、轴力相同、材料不同的两拉杆，它们的应力(   )，强度(   )。

A. 不相同   B. 不一定相同   C. 相同   D. 无法判断

三、判断

1. 平面假设假定杆件的横截面是一个平面。(   )

2. 无论是拉杆还是压杆，应力都垂直于横截面(   )，且在截面上是均匀分布的(   )。

四、计算

1. 图 4-4 所示杆件作用轴向外力，杆件截面 $A=200\text{mm}^2$，$[\sigma]=160\text{MPa}$，求杆件各段截面的应力并校核杆件的强度。

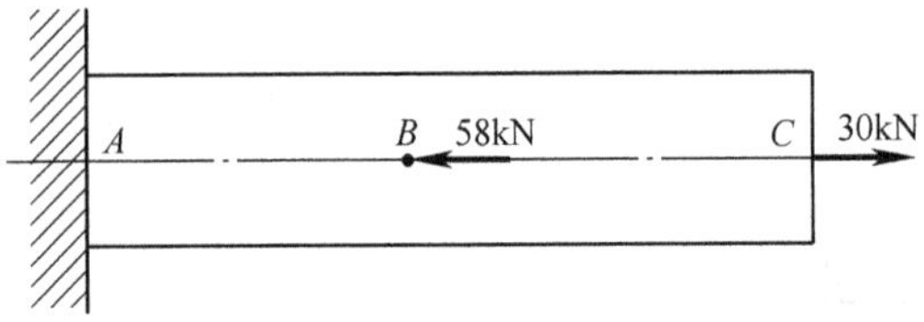

图 4-4

2. 图 4-5 所示杆件 AB、AC 铰接于 A，已知悬吊重物 $G = 17\,\pi\mathrm{kN}$，杆件材料的$[\sigma] =$ 170MPa，试按强度准则设计杆件 AB、AC 的截面直径 d。

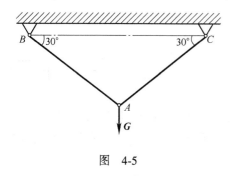

图 4-5

3. 图 4-6 所示结构，杆件 AB、AC 铰接于 A，已知两杆件的截面直径 $d = 20\mathrm{mm}$，杆件材料的$[\sigma] = 160\mathrm{MPa}$，试按强度准则确定结构的许可荷载$[F]$。

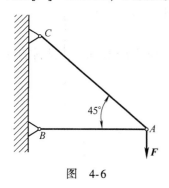

图 4-6

练习十二 （拉(压)杆的变形)

一、填空

1. 轴向拉(压)杆的变形特点是：杆件纵向 _____ 或 _____，横向 _____ 或 _____。把杆件纵向的变形量称为 _____；杆件纵向单位长度的伸长量称为 _____，也称为 _____，用符号 _____ 表示。

2. 胡克定律表明，在弹性范围内，拉(压)杆产生的绝对变形与杆截面的轴力成 _____ 关系，与杆件长度成 _____ 关系，与杆件截面面积成 _____ 关系。比例常数称为 _____，用符号 _____ 表示，其单位是 _____。

3. 由胡克定律可知，作用于杆件横截面上的应力，与该截面处产生的 _____ 成正比关系，其表达式为 _____。

4. 把杆件的弹性模量 E 与截面面积 A 的乘积称为杆件的 _____。

二、选择

在弹性范围内，杆件的变形与(   )有关；杆件的刚度与(   )有关；杆件的应力与(   )有关。

A. 弹性模量   B. 截面面积   C. 杆长   D. 外力

三、判断

1. 材料相同的两拉杆，若两杆的绝对变形相同，则相对变形一定相同。(   )

2. 不同材料的两拉杆，若轴向应变相同，则横截面应力也相同。(   )

四、计算

1. 杆件受力如图 4-7 所示，已知直杆截面面积 $A = 300\text{mm}^2$，杆长 $l = 100\text{mm}$，材料的弹性模量 $E = 200\text{GPa}$，求杆的伸长量 Δl。

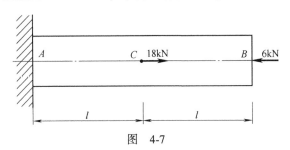

图 4-7

2. 图 4-8 所示拉杆矩形截面 $b = 40mm$，$h = 50mm$，$E = 200GPa$，弹性范围内测得杆纵向应变为 $\varepsilon = 20 \times 10^{-5}$，求：（1）杆横截面的应力；（2）作用于杆件的外力 F；（3）若杆长 $l = 1m$，求杆件的伸长量。

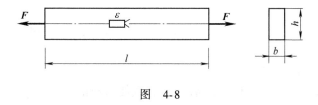

图 4-8

3. 图 4-9 所示结构，杆 1 为钢杆，$A_1 = 200mm^2$，$E_1 = 200GPa$；杆 2 为铜质杆，$A_2 = 400mm^2$，$E_2 = 100GPa$，横杆 AB 的变形和自重不计。（1）荷载加在何处，能够使 AB 保持水平？（2）若 $F = 60kN$，分别求两杆横截面的应力。

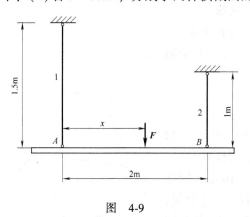

图 4-9

练习十三 （材料的力学性能）

一、填空

1. 低碳钢材料在轴向拉伸时经历了_____、_____、_____、_____阶段，对应有_____个强度指标，它们分别是_____、_____、_____。

2. 材料的塑性指标用_____表示，表达式为_____。

3. 冷作硬化工艺是将荷载加到材料的_____阶段卸载，再加载使材料的_____极限提高，同时使材料的_____性降低。

4. 低碳钢材料的抗压与抗拉性能_____；铸铁材料的抗压性能_____抗拉性能。

二、选择

1. 低碳钢 σ-ε 曲线上，直线部分最高点对应的应力值是(   )；屈服阶段最低点对应的应力值是(   )；强化阶段最高点对应的应力值是(   )。

   A. 比例极限　　　B. 屈服点　　　　　C. 抗拉强度　　　　　D. 伸长率

2. 塑性材料通常有(   )三个强度指标，用(   )作为失效破坏时的极限应力；脆性材料用(   )作为失效破坏时的极限应力。更准确地讲，胡克定律的应用范围是应力不超过材料的(   )。

   A. 比例极限　　　　　　　　　　B. 屈服点

   C. 抗拉强度　　　　　　　　　　D. 伸长率

3. 材料呈塑性或脆性，是依据(   )划分的。

   A. 比例极限 σ_p 　　　　　　　　B. 屈服点 σ_s

   C. 抗拉强度 σ_b 　　　　　　　　D. 伸长率 δ

4. 对于塑性材料失效破坏是指材料发生了(   )；对于脆性材料失效破坏是指材料发生了(   )。

   A. 断裂　　　　　B. 屈服

   C. 断裂或屈服　　D. 颈缩

5. 图 4-10 所示为 A、B、C 三种材料的 σ-ε 曲线，(   )材料的强度高，(   )材料的刚度大，(   )材料的塑性好。

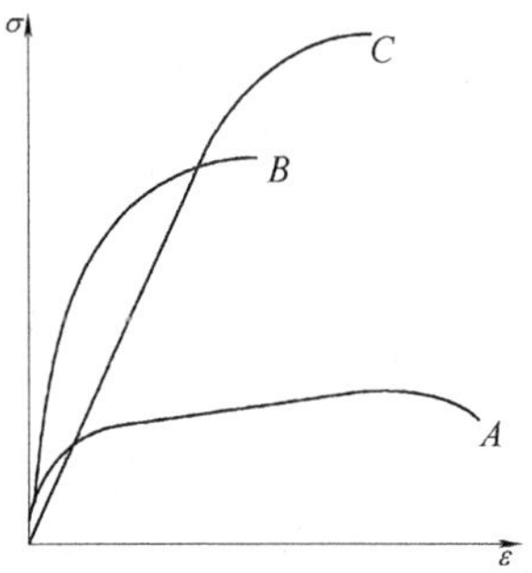

6. 材料的强度用(   )衡量，刚度用(   )衡量，塑性用(   )衡量，脆性用(   )衡量，弹性范围用(   )衡量；杆件的强度用(   )衡量，刚度用(   )衡量；拉(压)杆截面的应力分布用(   )衡量。

图 4-10

   A. σ_p 　　　　B. σ_s 　　　　C. σ_b 　　　　D. E

   A_1. δ 　　　　B_1. EA 　　　　C_1. $\sigma = \dfrac{F_N}{A}$ 　　　　D_1. $\sigma_{max} \leqslant [\sigma]$

三、计算

1. 已知某构件所用材料的 $\sigma_p = 210\text{MPa}$，$\sigma_s = 240\text{MPa}$，$\sigma_b = 360\text{MPa}$，若选用 $n_s = 2$ 的安全因数，许用应力为多少？

2. 某低碳钢拉伸试件，直径 $d = 10\text{mm}$，标准 $l_0 = 100\text{mm}$，在比例阶段测得拉力增量 $\Delta F = 9\text{kN}$，对应伸长量 $\Delta(\Delta l) = 0.056$；屈服时拉力 $F_s = 17\text{kN}$，拉断前的最大拉力 $F_b = 32\text{kN}$。拉断后，量得标距增长到 $l_1 = 126.2\text{mm}$，断口处直径 $d_1 = 6.9\text{mm}$。试计算该钢的 E、σ_s、σ_b、δ 和 Ψ 值。

练习十四 （拉(压)超静定问题的解法）

一、填空

1. 用静力学平衡方程能够求解出全部未知数的问题称为＿＿＿＿问题，用静力学平衡方程不能求解出全部未知数的问题称为＿＿＿＿问题。

2. 求解简单杆件超静定问题需列出静力学平衡方程，还要列出变形的＿＿＿＿作为补充方程。

二、计算

1. 图 4-11 所示 AB 杆件两端为固定端约束，已知杆长 $l = 1\text{m}$，截面面积为 A，弹性模量 $E = 200\text{GPa}$。在 C 点作用力 $F = 10\text{kN}$，$l_1 = 0.4\text{m}$，$l_2 = 0.6\text{m}$，求 A、B 两端的约束力。

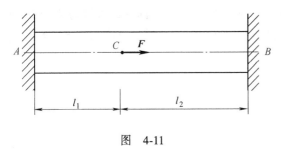

图　4-11

2. 图 4-12 所示结构，横杆 AB 为刚性杆，不计其变形，已知杆 1、2 的材料相同，即 E、$[\sigma]$ 相同，截面面积 A 和杆长 l 均相同。试求结构的许可荷载 $[F]$。

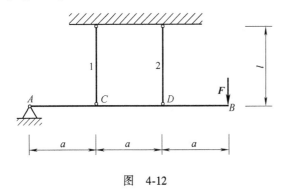

图　4-12

第 五 章
剪切和挤压

练习十五 （剪切和挤压的实用计算）

一、填空

1. 构件发生剪切变形的受力特点是：沿杆件的横向两侧作用大小_____、方向_____，作用线平行且_____的一对力。其变形特点是：两力作用线之间的截面发生了_____。产生相对错动的截面称为_____。

2. 挤压变形是指在两构件相互机械作用的_____上，由于局部承受较大的作用力，而出现的_____或_____现象。构件发生_____的接触面称为挤压面。

3. 剪切变形的内力_____于剪切面，用_____表示。剪切应力在剪切面上的分布_____，工程实际中通常假定剪切应力在剪切面上是_____分布的。用公式_____表示。

4. 挤压面上，由挤压力引起的_____称为挤压应力。挤压应力在挤压面上的分布也_____，工程实际中假定挤压应力是_____分布的。用公式_____表示。

二、选择

1. 图 5-1a 所示螺栓接头的剪切面是(   )，挤压面是(   )。

A. $2\pi Dh$ 　　　B. $\dfrac{\pi}{4}(D^2-d^2)$ 　　　C. πdh 　　　D. $2\pi dh$

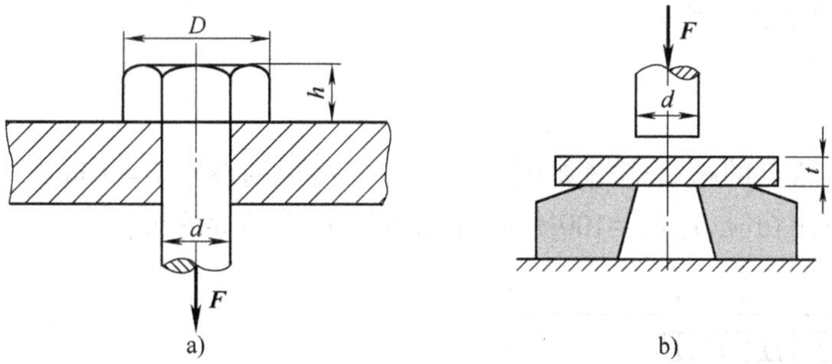

图 5-1

2. 图 5-1b 所示冲床冲剪钢板，已知冲头直径为 d，钢板厚度为 t，冲头的挤压面是(   )，钢板的剪切面是(   )。

A. $2\pi dt$ 　　　B. $\dfrac{\pi}{4}d^2$ 　　　C. πdt 　　　D. dh

三、判断

1. 当挤压面为圆柱形外侧面时，挤压面积按该圆柱侧面的正投影面计算。(   )

2. 螺栓接头通常加上垫圈,是为了增加构件挤压面的面积,从而防止螺栓松动。(　　)

四、计算

1. 图 5-2 所示剪床需用裁剪刀切断 $d = 12\text{mm}$ 棒料,已知棒料的抗剪强度 $\tau_\text{b} = 320\text{MPa}$,试求裁剪刀的切断力 F。

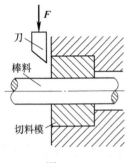

图　5-2

2. 图 5-3 所示铆钉接头,已知钢板的厚度 $t = 10\text{mm}$,铆钉的直径 $d = 18\text{mm}$,铆钉与钢板的许用切应力 $[\tau] = 100\text{MPa}$,许用挤压应力 $[\sigma_{\text{jy}}] = 300\text{MPa}$,$F = 24\text{kN}$,试校核铆钉接头强度。

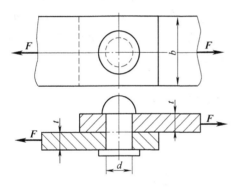

图　5-3

3. 某一桁架结点的搭接焊缝如图 5-4 所示,钢板的厚度 $\delta = 10\text{mm}$,沿轴向受力 $F = 160\text{kN}$,焊缝的许用切应力 $[\tau] = 100\text{MPa}$。试求搭接所需的焊缝长度 l。

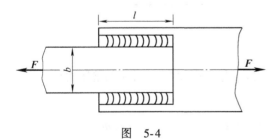

图　5-4

第 六 章
圆 轴 扭 转

练习十六 （扭转概念和扭转内力）

一、填空

1. 圆轴扭转时的受力特点是：杆件两端作用一对_____、_____且作用面垂直于轴线的_____。其变形特点是：杆件任意两横截面绕轴线产生了_____。

2. 若已知轴的转速为 n，输出功率为 p，则输出外力矩按公式_____计算。式中 M、p、n 的单位分别是_____，_____，_____。

3. 圆轴扭转的内力称为_____，用符号_____表示。

4. 由截面法求内力可得出求扭矩的简便方法：圆轴任意 x 截面的扭矩 $T(x)$ 等于 x 截面左侧(或右侧)轴段上外力偶矩的_____；左侧轴段上箭头向上(或右侧轴段上箭头向下)的外力偶矩产生_____值扭矩，反之产生_____值扭矩。

二、选择

1. 图 6-1 所示传动轮轴，已知外力矩 $M_1 = 4\text{kN} \cdot \text{m}$，$M_2 = 9\text{kN} \cdot \text{m}$，$M_3 = 5\text{kN} \cdot \text{m}$，则 1-1 截面的内力扭矩 $T_1 = （\quad）$；2-2 截面的内力扭矩 $T_2 = （\quad）$。

A. $9\text{kN} \cdot \text{m}$ B. $4\text{kN} \cdot \text{m}$ C. $5\text{kN} \cdot \text{m}$ D. $-4\text{kN} \cdot \text{m}$

2. 图 6-2 所示传动轮系，主动轮作用力矩 $M_1 = 50\text{kN} \cdot \text{m}$，从动轮作用力矩 $M_2 = 30\text{kN} \cdot \text{m}$，$M_3 = 20\text{kN} \cdot \text{m}$，轮系安排合理的是（ ）。

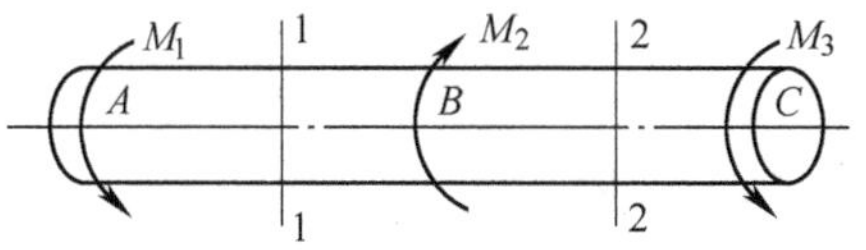

图 6-1

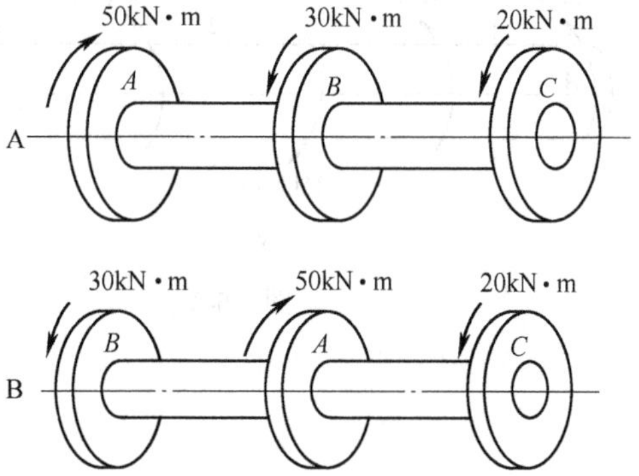

图 6-2

3. 变速箱中，通常高速轴的轴径小，而低速轴的轴径大，是因为（ ）。

A. 高速轴的扭矩大，低速轴的扭矩小   B. 高速轴的扭矩小，低速轴的扭矩大

三、作图与计算

求图 6-3 所示轴各指定截面的扭矩，并画出轴的内力扭矩图。

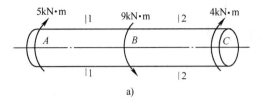

a)

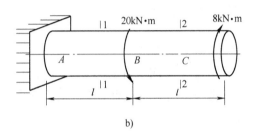

b)

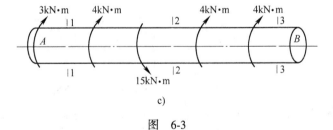

c)

图 6-3

练习十七　（扭转应力和强度计算）

一、填空

1. 由试验观察和平面假设推知，圆轴扭转变形时，相邻截面绕轴线相对转动，横截面必有_____于截面的_____应力。

2. 横截面上距轴线为 ρ 的任一点处，切应力的方向_____于这点到轴线的距离 ρ；大小与 ρ 成_____关系；用公式 $\tau_\rho = $ _____表示。

3. 圆截面的极惯性矩 $I_p = $ _____，单位是_____，抗扭截面系数 $W_p = $ _____，单位是_____。工程实用计算中，$I_p \approx$ _____，$W_p \approx$ _____。

4. 截面的最大切应力发生在_____的点上，等截面圆轴的最大切应力一定发生在_____最大的横截面_____的点上。

5. 圆轴扭转的切应力强度准则是_____。

二、选择

（　　）的条件下，空心轴比实心轴的抗扭截面系数大；（　　）的条件下，空心轴比实心轴的承载能力大；（　　）的条件下，空心轴比实心轴节省材料；（　　）的条件下，实心轴比空心轴的强度高；（　　）的条件下，空心轴与实心轴比较，可用较小的截面提供较大的扭转强度。

A. 任何　　　　　　　B. 外径相同　　　　　　　C. 等轴长　　　　　　　D. 等截面

三、判断

1. 圆轴扭转时，实心截面上没有切应力等于零的点（　　）；空心截面上没有切应力等于零的点（　　）。

2. 与实心截面比较，空心截面由于充分发挥了截面各点的承载能力，因此是扭转变形的合理截面形状。（　　）

四、作图计算

1. 在图 6-4 所示圆截面的直径 AB 上，画出与截面扭矩相应的切应力分布图。

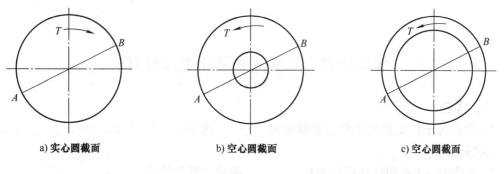

　　a) 实心圆截面　　　　　　　　b) 空心圆截面　　　　　　　　c) 空心圆截面

图　6-4

2. 图 6-5 所示传动轴，$[\tau]=50\text{MPa}$，作用主动力矩 $M_1=2\text{kN}\cdot\text{m}$，从动力矩 $M_2=1.25\text{kN}\cdot\text{m}$，$M_3=0.75\text{kN}\cdot\text{m}$，试设计轴的直径 d。

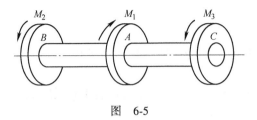

图 6-5

3. 图 6-6 所示为盾构机一推进器，一端为实心轴，直径 $d_1=300\text{mm}$，另一端为空心轴，内径 $d=160\text{mm}$，外径 $D=320\text{mm}$，轴的 $[\tau]=100\text{MPa}$，试确定轴的许可外力偶矩。

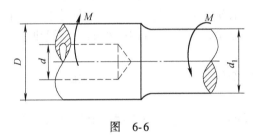

图 6-6

练习十八 （扭转变形和刚度计算）

一、填空

1. 圆轴的扭转变形是用两个横截面的_____来表示，计算公式 $\varphi=$ _____，其中 GI_p 称为圆轴的_____。

2. 单位轴长上的扭转角用公式 $\theta=$ _____确定，其单位是_____。

3. 等截面圆轴的单位长度最大扭转角 θ_{max} 一定发生在_____的轴段上。

4. 圆轴扭转的刚度准则为_____。

二、选择

1. 材料不相同，受力、截面和轴长都相同的两圆轴，其(　　)是相同的，(　　)是不相同的。

A. 最大应力　　　B. 强度　　　　　C. 变形　　　　　D. 刚度

2. 进行轴的刚度计算时，单位轴长的最大扭转角 θ_{max} 的单位是(　　)，而工程实际中单位轴长的许用扭转角 $[\theta]$ 的单位是(　　)。

A. °/m　　　　　B. rad/m　　　　　C. °/mm　　　　　D. rad/mm

三、判断

1. 截面面积相等时，空心轴比实心轴的强度高(　　)，刚度大(　　)。

2. 设计圆轴时，既要考虑满足强度准则，又要考虑满足刚度准则。(　　)

四、计算

1. 图 6-7 所示传动轴 $d=50$mm，轴长 $l=1$m，作用主动力矩 $M_1=3$kN·m，从动力矩 $M_2=2$kN·m，$M_3=1$kN·m，轴材料的切变模量 $G=80$GPa。试计算 C 轮对 B 轮的相对扭转角 φ_{BC}。

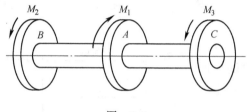

图　6-7

2. 题 1 中若轴的 $[\tau]=100$MPa，$[\theta]=1.5$°/m，试校核轴的强度和刚度。

第 七 章
直 梁 弯 曲

练习十九 （弯曲内力——剪力和弯矩）

一、填空

1. 直梁弯曲的受力特点是：直梁受到_____作用，变形特点是梁的轴线_____。

2. 梁上各截面纵向对称轴构成的平面称为_____平面。梁上外力沿横向作用在该平面内，梁的轴线将弯成一条_____，梁的这种弯曲称为_____。

3. 梁的力学模型是通过用梁的_____来代替梁，简化梁的_____和_____所画出的平面图形。静定梁的基本力学模型分为_____梁、_____梁和_____梁三种形式。

4. 梁弯曲时的内力有_____于截面的剪力和_____于截面的弯矩；在图 7-1 所示梁段的两端截面上，按剪力与弯矩的正负规定表示出该梁段两端截面上的剪力和弯矩。

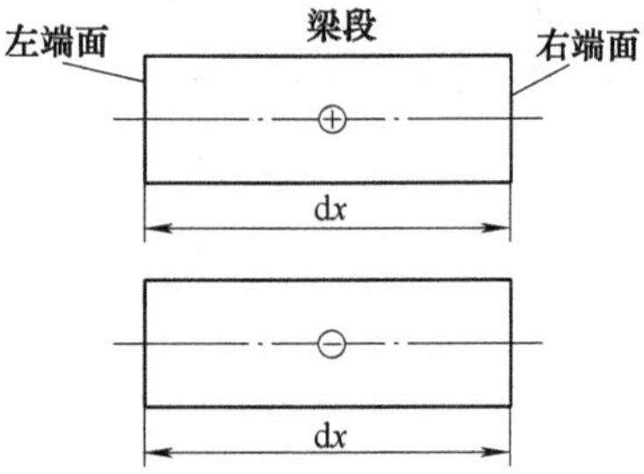

5. 由截面法求梁的内力可以得出求剪力和弯矩的简便方法为：

$F_Q(x)$ 等于 x 截面左（或右）段梁上所有_____的代数和。左段梁上向_____或右段梁上向_____的外力产生正值剪力，反之产生负值剪力，简述为_____为正。

$M(x)$ 等于 x 截面左（或右）段梁上所有_____对_____力矩的代数和。左段梁上_____转向或右段梁上_____转向的外力矩产生正值弯矩，反之产生负值弯矩，简述为_____为正。

图 7-1

二、选择

图 7-2 所示简支梁，已知作用有集中力 F、集中力偶 M 和约束力 F_A，F_B，1-1 截面剪力和弯矩计算正确的是（　　）。

A. $F_{Q1}=F_A+F$ 　　$M_1=F_Ax+M-Fx$

B. $F_{Q1}=F_B$ 　　$M_1=F_B(l-x)$

C. $F_{Q1}=F_A-F$ 　　$M_1=F_Ax+M-F(x-a)$

D. $F_{Q1}=-F_B$ 　　$M_1=-F_B(l-x)$

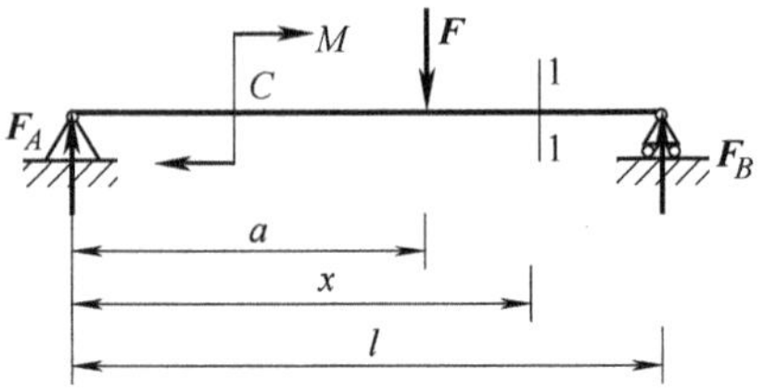

图 7-2

三、判断

1. 梁发生平面弯曲变形，梁的截面一定有纵向对称轴（　　），荷载一定沿横向作用在梁的纵向对称平面内（　　）。

2. 有纵向对称平面的梁所发生的弯曲变形，一定是平面弯曲变形。（　　）

3. 应用截面法求梁的剪力和弯矩，截面可以选在集中力作用点处。（　　）

四、计算

求图 7-3 所示各梁指定截面的剪力和弯矩。

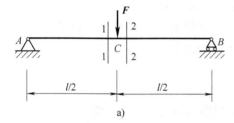

a)

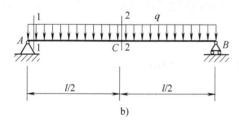

b)

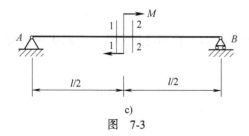

c)

图　7-3

练习二十 （剪力图和弯矩图一）

一、填空

1. 把梁各截面的剪力或弯矩表示成_____的函数，称为梁的剪力方程或弯矩方程。

2. 建立梁的剪力方程或弯矩方程时，需要以梁的一端为坐标原点，沿梁的轴线方向建立 x 坐标，任意 x 截面的剪力值或弯矩值就表示成_____的函数。画出剪力方程或弯矩方程的函数曲线，把曲线与_____围成的面积称为剪力图或弯矩图。

3. 任意一个 x 截面可以把梁分为_____段。建立梁的剪力方程 $F_Q(x)$ 或弯矩方程 $M(x)$ 时，x 截面不能取在_____或_____作用点的截面上。

4. 画剪力图 $F_Q(x)$、弯矩图 $M(x)$ 的简便方法如下。

a) 无外力作用的梁段上：

剪力图是_____，求出任一截面的剪力，可画出剪力图的_____线；

弯矩图是_____，确定两端临近截面的弯矩，可画出弯矩图的_____线。

b) 均布荷载作用的梁段上：

剪力图是_____，确定两端临近截面的剪力，可画出剪力图的_____线。

弯矩图是_____，凸向与_____同向，确定两端临近截面和剪力为零截面的弯矩值，可描出弯矩图的_____。

c) 集中力作用处：

剪力图有_____，大小等于_____，方向与_____同向。

弯矩图有_____。

d) 集中力偶作用处：

剪力图_____；

弯矩图有_____，大小等于_____，方向_____向上突变。

e) $|M|_{max}$ 可能发生在_____、_____作用的截面上，或均布荷载作用时剪力等于_____的截面上。

二、作图

1. 已知图 7-4 所示各梁的作用荷载，试建立梁的剪力方程和弯矩方程，并画出梁的剪力图和弯矩图。

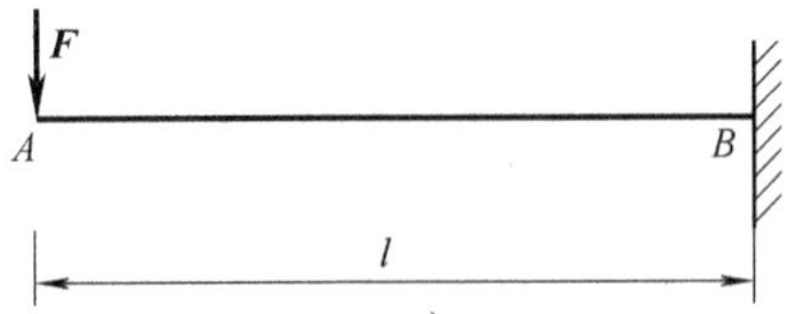

a)

图 7-4

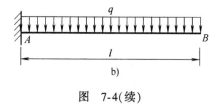

图 7-4(续)

2. 用简便方法，画出图 7-5 所示各梁的剪力图、弯矩图，并求梁的最大弯矩 M_{max}。

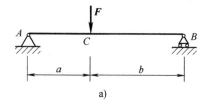

a)

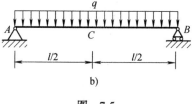

b)

图 7-5

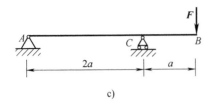

c)

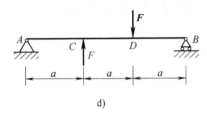

d)

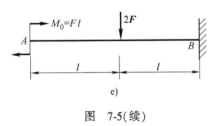

e)

图　7-5(续)

练习二十一 （剪力图和弯矩图二）

一、填空

1. 弯矩方程 $M(x)$、剪力方程 $F_Q(x)$、荷载集度 $q(x)$ 之间存在的微分关系是_____ _____；_____。

2. 由以上微分关系可知：弯矩图曲线上某点的斜率等于该点处截面的_____值；弯矩图二次曲线的最大弯矩通常发生在剪力等于_____的截面处。剪力图曲线上某点的斜率等于该点处截面的_____。

二、作图并计算

画出图 7-6 所示各梁的剪力图、弯矩图，并求梁的最大弯矩 M_{max}。

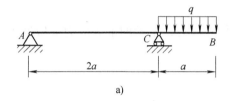

a)

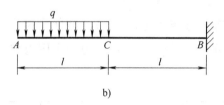

b)

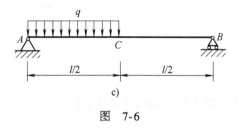

c)

图 7-6

练习二十二　（弯曲应力和强度计算）

一、填空

1. 梁纯弯曲时，从试验观察和平面假设可以推知：梁的横截面绕_____转动了一个角度，使任意两截面间的_____伸长或缩短，梁内有一层既不伸长又不缩短的_____，称为_____。梁截面有垂直于截面的_____应力。

2. 梁的应力分布公式表示，截面上任意点的应力与该点到_____的距离成正比。中性轴上各点的应力等于_____，$|\sigma|_{max}$ 发生在截面的_____。

3. 圆截面对中性轴的惯性矩 $I_z =$ _____，$W_z \approx$ _____；矩形截面对中性轴的惯性矩 $I_z =$ _____，$W_z =$ _____。

4. 进行梁的正应力强度计算时，必须求出全梁的最大应力，全梁的最大应力一般发生在_____截面的_____点上。

二、选择

1. 梁弯曲时横截面的中性轴，就是梁的（　　）与（　　）的交线。

A. 纵向对称平面　　　　　　　　　　B. 横截面

C. 中性层　　　　　　　　　　　　　D. 上表面

2. 如图 7-7 所示，与梁横截面弯矩 M 相对应的应力分布图是（　　）；截面弯矩为正值的应力分布图是（　　）；截面弯矩为负值的应力分布图是（　　）；应力分布图有错的是（　　）。

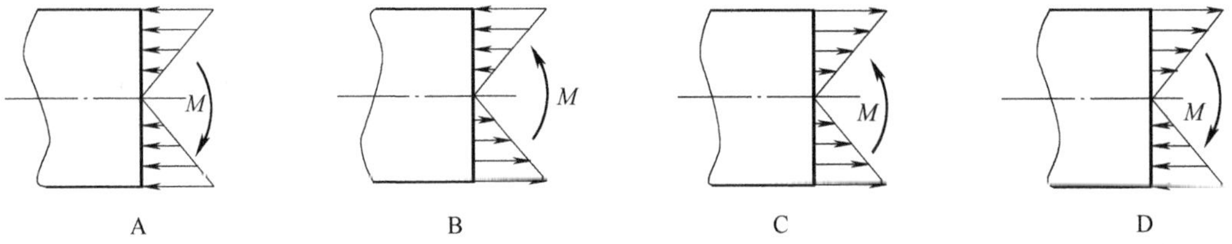

图　7-7

三、判断

1. 直梁发生平面弯曲变形时，梁的各横截面绕中性轴转动了相同的角度。（　　）

2. 梁弯曲时中性轴必过截面的形心。（　　）

3. 圆截面和矩形截面，是以中性轴为对称轴的上下对称图形，弯曲时它们各自的最大拉应力和最大压应力相等。（　　）

4. 塑性材料的抗拉与抗压性能相同，宜采用上下对称于中性轴的截面形状。（　　）

四、计算

1. 图 7-8 所示简支梁 *AB* 采用 $b \times h = 120\text{mm} \times 200\text{mm}$ 的矩形截面木料，跨长 $l = 4\text{m}$，在梁的中点 *C* 作用力 $F = 5\text{kN}$。（1）求梁的 *C* 截面上 $y = 80\text{mm}$ 处的应力；（2）若该木料的许用应力 $[\sigma] = 7\text{MPa}$，试校核梁的强度。

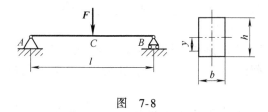

图　7-8

2. 操作手柄简化为图 7-9 所示悬臂梁，已知作用力 $F = 200\text{N}$，手柄长度 $l = 300\text{mm}$，材料为铸铁，许用拉应力 $[\sigma^+] = 50\text{MPa}$，许用压应力 $[\sigma^-] = 150\text{MPa}$，试设计手柄杆的圆截面直径 d。

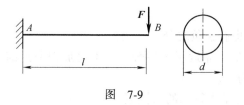

图　7-9

3. 图 7-10 所示简支梁采用无缝钢管，已知外径 $D = 40\text{mm}$，内径 $d = 20\text{mm}$，梁的跨长 $l = 2\text{m}$，许用应力 $[\sigma] = 170\text{MPa}$，求梁所能容许的最大均布荷载 $[q]$。

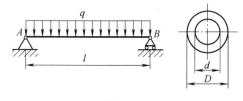

图　7-10

练习二十三 （组合截面的惯性矩）

一、填空

1. 截面面积对某轴的一次矩称为_____，等于截面_____与_____的乘积。

2. 截面面积对某轴的二次矩称为_____，其单位是_____。

3. 若把惯性矩表示为截面面积 A 与某一长度平方的乘积，即 $I_z = Ai_z^2$，则这一长度 i_z 称为截面对_____轴的_____。直径为 d 的圆截面的 $i_z =$ _____；宽为 b，高为 h 的矩形截面的 $i_z =$ _____。

4. 由平行移轴定理可知，截面对形心以外某轴的惯性矩等于对其_____的惯性矩加上_____与_____平方的乘积。

5. 组合截面的惯性矩，等于各简单图形对其截面中性轴惯性矩的_____。

二、选择

矩形截面梁的高宽比 $h/b = 2$，把梁竖放安置和平放安置时，梁的惯性矩之比 $I_竖/I_平 =$ （ ）；抗弯截面系数之比 $W_竖/W_平 =$ （ ）。

A. 4   B. 2   C. 1/4   D. 1/2

三、判断

1. 截面静矩有正负之分（ ）；截面的惯性矩也有正负之分（ ）。

2. 由惯性矩的定义可知，将梁截面面积的分布尽量靠近于中性轴，在不增加面积的前提下，能增加截面的惯性矩，提高梁的弯曲承载能力。（ ）

3. 截面对其形心轴的惯性矩，总是小于形心以外某平行轴的惯性矩。（ ）

4. 脆性材料抗压强度大于抗拉强度，宜采用上下不对称于中性轴的截面形状。（ ）

四、计算

1. 分别表示出图 7-11 所示各截面对中性轴的惯性矩 I_z 和抗弯截面系数 W_z。

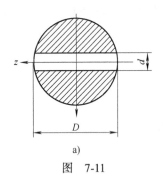

a)

图 7-11

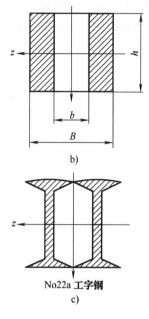

b)

No22a 工字钢

c)

图 7-11(续)

2. 某钢筋混凝土梁的 T 形截面如图 7-12 所示，已知：$y_C = 26.7\text{mm}$，试计算截面对中性轴的惯性矩 I_z 和截面上、下边缘的抗弯截面系数 W_z。

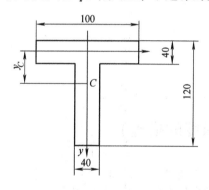

图 7-12

3. 图 7-13 所示桥式起吊机大梁，梁的跨长 $l=8$m，材料为 A235 钢，$[\sigma]=160$MPa，电葫芦重 $Q=6$kN，梁的最大起吊量 $G=60$kN，试按弯曲正应力强度准则为梁选择工字钢型号。

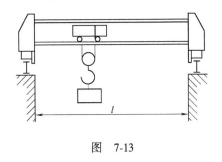

图　7-13

练习二十四　（提高梁弯曲强度的措施）

一、填空

1. 由梁的正应力强度准则可知，提高梁的弯曲强度可从降低＿＿＿＿＿、提高＿＿＿＿＿两方面采取措施。

2. 简支梁受集中力作用时，要尽量避免把集中力作用在梁跨长的＿＿＿＿＿位置上，可以降低＿＿＿＿＿，提高梁的弯曲强度。

3. 若梁的材料是低碳钢，则通常选用上、下＿＿＿＿＿于中性轴的截面形状；若梁的材料是铸铁，则通常选用上、下＿＿＿＿＿于中性轴的截面形状。

二、选择

降低梁的最大弯矩，可通过(　　　)来实现。

A. 减小梁的荷载　　　　　　　　　B. 集中力靠近于支座

C. 集中力分散作用　　　　　　　　D. 简支梁支座向梁内移动

三、计算

1. 图 7-14 所示为轧钢机滚道升降台简图，钢坯 D 重 G，在升降台 AC 梁上可从 A 移动到 C，欲使钢坯在任何位置时梁的最大应力值最小，试确定支座 B 的安放位置 x。

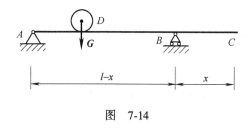

图 7-14

2. 图 7-15 所示桥式起重机大梁 AB，$l = 15\text{m}$，原设计其最大起吊重量为 100kN，现需起吊 150kN 的设备，采用图示方法，试求 x 的最大值等于多少才能吊起设备。（提示：只考虑弯曲正应力强度）

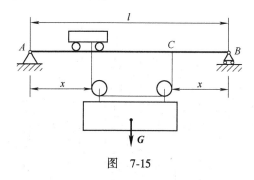

图 7-15

练习二十五 （梁的变形和刚度计算）

一、填空

1. 直梁平面弯曲变形时，梁的横截面形心产生了_____，称为_____；梁的截面绕_____转动了一个角度，称为_____。梁的轴线由原来的直线变成了一条_____，称为_____。

2. 梁的两个基本变形量是_____和_____，其正负规定为：截面形心向_____移动，挠度为正；截面_____时针转动，转角为正，反之为负。

3. 当梁上同时作用几种荷载时，梁任一截面产生的总变形，等于每个荷载_____作用时产生变形的_____，这种求梁变形的方法称为_____。

4. 在土建工程中，通常只对_____进行校核，对_____一般不作校核；梁的刚度准则为：_____。

二、选择

1. 梁的抗弯刚度是(   )；圆轴的抗扭刚度是(   )；杆件的抗拉(压)刚度是(   )；梁的刚度准则是(   )。

A. EA 　　　　　　B. GI_p 　　　　　　C. EI_z 　　　　　　D. $y_{max} \leq [y]$

2. 用叠加法求梁的变形，需要满足的前提条件是(   )。

A. 等截面 　　　B. 小变形 　　　C. 纯弯曲 　　　D. 材料满足胡克定律

三、计算

1. 用叠加法求图 7-16 所示 AB 梁的最大挠度和最大转角。（提示：简支梁用中点挠度代替最大挠度）

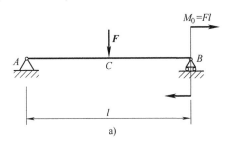

a)

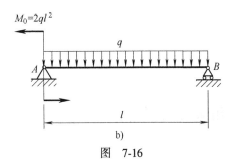

b)

图　7-16

2. 图 7-17 所示简支梁由两槽钢组成，弹性模量 $E=200\text{GPa}$，梁跨 $l=4\text{m}$，作用荷载 $q=10\text{kN/m}$，许用相对挠度 $\left[\dfrac{f}{l}\right]=\dfrac{1}{400}$，试按刚度设计准则为梁选择槽钢型号。

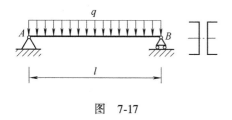

图 7-17

练习二十六 （简单超静定梁的解法）

一、填空

1. 约束力能用静力学平衡方程全部求解的梁，称为_____；约束力不能用静力学平衡方程全部求解的梁，称为_____。

2. 求解超静定梁时，需要去掉多余约束，得到一个静定梁，称为_____；在其上画出全部外力和多余约束力后，就得到了静定梁的_____，比较它们的变形，并列出_____方程，即可求解出全部约束力。

二、计算

1. 用变形比较法求图 7-18 所示简单超静定梁的约束力。

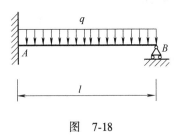

图　7-18

2. 如图 7-19 所示，一受均布荷载 q 作用的梁 AB，A 端固定，B 端支承于 CD 梁跨长的中点上，已知两梁的抗弯刚度 EI 相同，跨度均为 l，试求两梁的支座约束力。

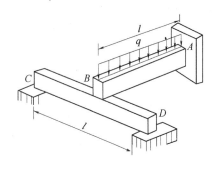

图　7-19

第八章
组合变形

练习二十七　（斜弯曲　拉(压)弯组合变形）

一、填空

1. 构件同时发生两种或两种以上的基本变形，称为_____。

2. 若外力沿横向作用在梁的纵向对称平面内，则梁发生_____变形。外力沿横向，但不在纵向对称平面内，梁轴线弯成的已不是平面曲线，称为_____变形；若外力斜交于轴线，且在纵向对称平面内，梁发生_____组合变形；若外力沿纵向但不与轴线重合，梁将发生拉(压)弯组合变形，称为_____变形。

3. 斜弯曲时梁的强度设计准则为：_____；拉(压)弯组合变形时梁的强度设计准则为：_____。

二、选择

图 8-1a 所示构架，试分析各段发生的变形，AB 段发生(　　)变形、BC 段发生(　　)变形；CD 段发生(　　)变形。图 8-1b 所示构架，AB 段发生(　　)变形、BC 段发生(　　)变形；CD 段发生(　　)变形。

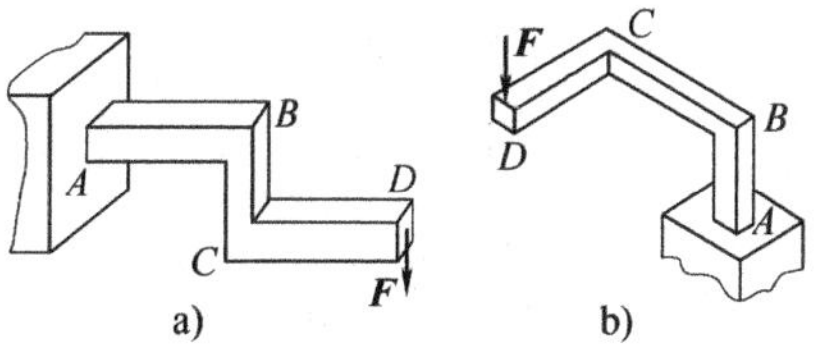

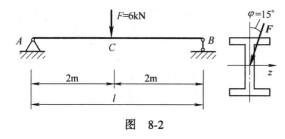

图　8-1

A. 弯曲

B. 斜弯曲

C. 拉弯组合

D. 弯扭组合

E. 双向偏心拉(压)

三、计算

1. 图 8-2 所示为由 14 号工字钢制成的简支梁，力 F 作用线过截面形心且与 y 轴成 15°角，已知：$F=6kN$，$l=4m$。试求梁的最大正应力。（提示：$\sin15°=0.259$；$\cos15°=0.966$）

图　8-2

2. 图 8-3 所示为矩形截面悬臂木梁，力 F 过截面形心且与 y 轴成 12°角，已知：$F=1.2\text{kN}$，$l=2\text{m}$，材料的许用应力 $[\sigma]=10\text{MPa}$。设 $h/b=1.5$。试确定 b 和 h 的尺寸。（提示：$\sin12°=0.208$；$\cos12°=0.978$）

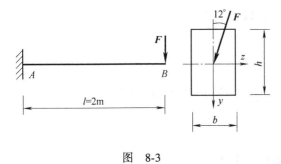

图 8-3

3. 图 8-4 所示的桁架结构，AB 由 18 号工字钢制成。已知：$F=30\text{kN}$，$l=3.2\text{m}$，材料的许用应力 $[\sigma]=170\text{MPa}$。试校核 AB 的强度。

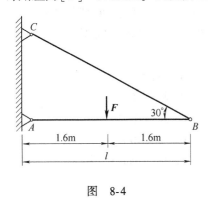

图 8-4

练习二十八 （偏心拉压 弯扭组合变形）

一、填空

1. 偏心拉(压)可分解为_____和_____两种基本变形。

2. 当荷载作用在端截面形心周围的某一区域时，杆件整个横截面只产生压应力而不出现拉应力，这个荷载作用的区域称为_____。

3. 单向偏心拉(压)时梁的强度设计准则为：_____。

4. 双向偏心拉(压)时梁的强度设计准则为：_____。

二、选择

图 8-5 所示边长为 a 的正方形截面杆，作用图示外力，则杆件横截面的最大应力 $\sigma_{max} =($ $)$。

A. $\dfrac{F}{a^2}$ B. $\dfrac{3F}{a^2}$ C. $\dfrac{4F}{a^2}$ D. $\dfrac{6F}{a^2}$

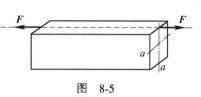

图 8-5

三、计算

1. 图 8-6 所示为一矩形截面厂房立柱，所受压力 $F_1 = 100\text{kN}$，$F_2 = 45\text{kN}$，$e = 200\text{mm}$，截面宽度 $b = 200\text{mm}$，若要求立柱截面上不出现拉应力，求截面高度 h 应为多少？此时，最大压应力为多少？

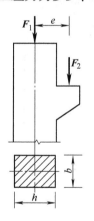

图 8-6

2. 图 8-7 所示正方形短柱偏心受压，已知：$F = 1600\text{kN}$，$e_y = e_z = 200\text{mm}$，截面尺寸 $b \times h$ $= 400\text{mm} \times 400\text{mm}$。试求该柱的最大拉应力与最大压应力。

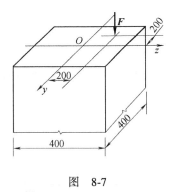

图 8-7

3. 图 8-8 所示曲拐 AB 段的截面直径 $d = 30\text{mm}$，$l = 120\text{mm}$，拐端 $a = 90\text{mm}$，$[\sigma] =$ 170MPa，作用荷载 $F = 3\text{kN}$。试按第三强度理论的强度准则校核曲拐 AB 段的强度。

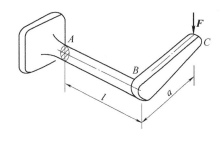

图 8-8

第 九 章
压 杆 稳 定

练习二十九　（压杆的稳定性　临界应力计算）

一、填空

1. 压杆保持原有_____状态的能力称为压杆的_____。

2. 由临界应力的欧拉公式可知：细长压杆的稳定性与_____、_____、_____、_____等因素有关。

3. 欧拉公式的适用范围是临界应力不超过材料的_____。

4. 从临界应力总图可见，压杆的柔度越大，其临界应力就越_____，压杆稳定性就越_____。

二、选择

图 9-1 所示为材料相同、截面相同的细长压杆，（　　）压杆的稳定性最好；（　　）压杆的稳定性最差。

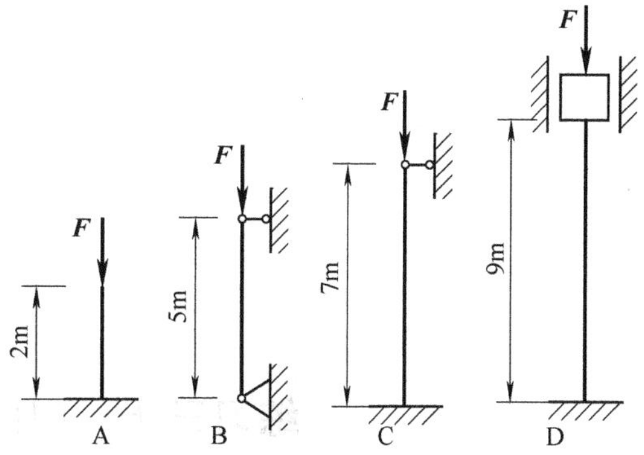

三、判断

1. 截面、约束、杆长相同，材料不同的两压杆，其柔度是不相同的（　　）；临界应力是不相同的（　　）。

2. 中柔度杆不能应用欧拉公式计算临界应力，是因为临界应力已超过了材料的比例极限（　　），工作应力已超过了材料的比例极限（　　）。

图　9-1

3. 压杆两端为圆柱形销钉联接，简化在两个纵向平面内的支承为：两端铰链和两端固定（　　）；若压杆是圆截面，两纵向平面内的稳定性是相同的（　　）；若压杆是矩形截面，两纵向平面内的稳定性是相同的（　　）。

4. 压杆总是在柔度较大的纵向平面内丧失稳定性（　　）；两端球铰的压杆失稳时，其截面将绕惯性矩较小的形心轴转动（　　）。

四、计算

图 9-2 所示 Q235 钢制压杆两端为固定端约束，已知 $l = 1\text{m}$，$E = 200\text{GPa}$，$\lambda_p = 100$，$\lambda_s = 60$，圆截面 $d = 25\text{mm}$；矩形截面宽度 $b = 12\text{mm}$，高度 $h = 18\text{mm}$。分别求压杆的临界应力。

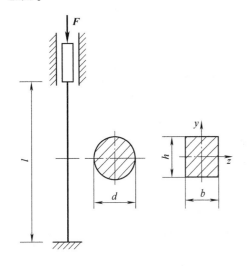

图 9-2

练习三十 （压杆的稳定性计算）

一、填空

1. 在压杆的稳定性设计准则 $\sigma \leqslant \dfrac{\sigma_{cr}}{n_{st}} = [\sigma]_{st}$ 中，$[\sigma]_{st}$ 为稳定_____；n_{st} 为稳定_____。

2. 为了计算上的实用和方便，可将稳定许用应力 $[\sigma]_{st}$ 用强度许用应力 $[\sigma]$ 乘以折减系数 φ 表示为 $[\sigma]_{st} = \varphi[\sigma]$。强度许用应力 $[\sigma]$ 只取决于压杆的_____。而稳定许用应力 $[\sigma]_{st}$ 不单与压杆的_____有关，还与压杆的_____有关。

3. 压杆的稳定性计算可以解决三类问题：_____、_____、_____。

4. 工程上，按压杆的设计规范，通常采用以下的稳定性设计准则：即_____。

二、计算

1. 图9-3所示结构中,已知 *BD* 杆为圆截面木杆,直径 $d = 160\text{mm}$,许用应力 $[\sigma] =$ 10MPa, $F = 60\text{kN}$。试校核 *BD* 杆的稳定性。

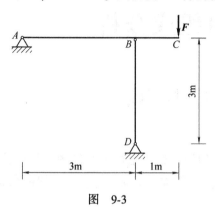

图 9-3

2. 图9-4所示三角架中,*BC* 杆为圆截面直杆,材料为 Q235 钢,直径 $d = 40\text{mm}$,许用应力 $[\sigma] = 170\text{MPa}$,已知作用力 F, $a = 1\text{m}$。试从稳定性准则考虑确定结构的许可荷载 $[F]$。

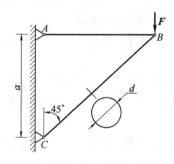

图 9-4

第十章
结构体系的几何组成分析

练习三十一 （结构几何组成分析基础）

一、填空

1. 能够代替实际结构进行力学_____和_____的简图称为结构计算简图；结构计算简图的简化内容有：1）_____的简化；2）_____的简化；3）_____的简化；4）_____的简化。

2. 平面杆系结构的类型有_____、_____、_____、_____、_____。

3. 杆件结构是由若干个杆件按照一定的组成方式相互连接而构成的一种体系。把确定体系的位置所需的_____的数目称为自由度。平面上一个点有_____个自由度；一个刚片(构件)有_____个自由度。

4. 能使体系减少_____的装置称约束。减少一个_____的装置称为一个约束。

5. 约束与自由度的关系为：1）一根链杆相当于_____个约束，能使平面体系减少_____个自由度；2）一个单铰相当于_____个约束，能使平面体系减少_____个自由度；3）一个刚结点相当于_____个约束，能使平面体系减少_____个自由度。

6. 连接 n 个刚片的复铰，减少了_____个自由度，相当于_____单铰。连接在_____上的两链杆延长线交点称为虚铰(也称为瞬铰)。虚铰与_____的作用相同，因此，两个链杆相当于一个_____。

7. 撤除之后_____保持体系几何不变的约束称为必要约束；撤除之后_____保持体系几何不变的约束称为多余约束。应当指出，多余约束对保持体系几何不变性来讲是多余的。

8. 在任意荷载作用下，能够保持原有_____和几何形状的体系称为几何不变体系；不能保持原有_____和几何形状的体系称为几何可变体系。

9. 一个几何可变体系，发生微小的位移后即成为几何不变体系，称为_____。

二、选择

1. 一个（　　）相当于一个约束。一个（　　）相当于两个约束。一个（　　）相当于三个约束。

A. 链杆　　　　B. 单铰　　　　C. 虚铰　　　　D. 刚结点
E. 活动铰支座　F. 固定铰支座　G. 定向支座　　H. 固定端支座

2. 图 10-1 中有虚铰的是（　　），没有虚铰的是（　　）。

59

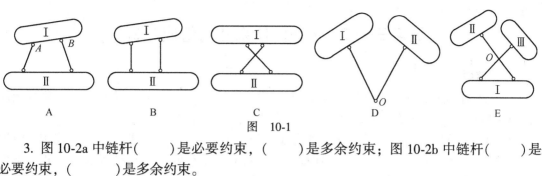

图 10-1

3. 图 10-2a 中链杆(   )是必要约束, (   )是多余约束; 图 10-2b 中链杆(   )是必要约束, (   )是多余约束。

图 10-2

4. 图 10-3 中(   )是几何不变体系, (   )是几何可变体系, (   )是瞬变体系。

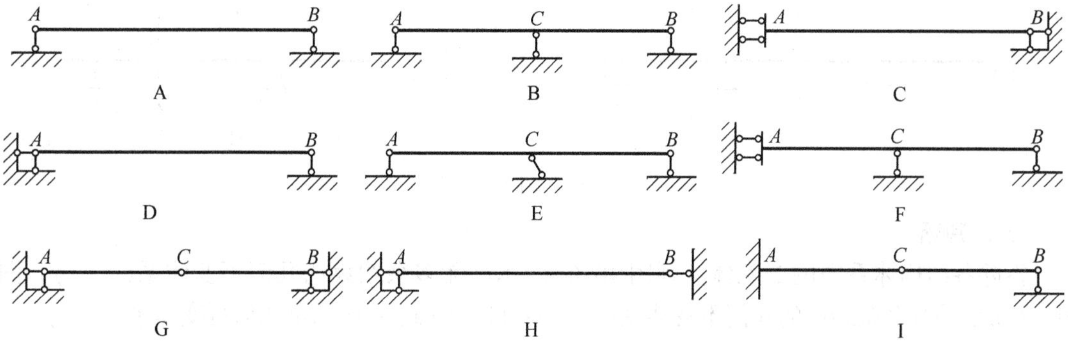

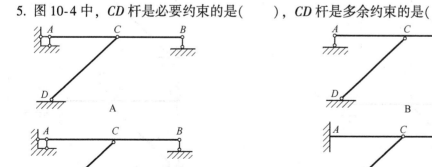

图 10-3

5. 图 10-4 中, CD 杆是必要约束的是(   ), CD 杆是多余约束的是(   )。

图 10-4

练习三十二 （平面体系几何组成分析）

一、填空

1. 二元体规则：在一个刚片上增加（或拆除）一个_____，或一个点和一个刚片用两根不共线的_____相连，则组成无多余约束的几何不变体系。其附加条件是_____。

2. 两刚片规则：两刚片用不在一条直线上的一个_____和一根_____连接，或用不全平行也不全交于一点的_____连接，则组成无多余约束的几何不变体系。其附加条件是_____和_____不共线，或_____不平行也不汇交。

3. 三刚片规则：三刚片用不共线的_____两两相连接，则组成无多余约束的几何不变体系。其附加条件是_____不共线。

二、选择

图 10-5 中(   )是无多余约束的几何不变体系；(   )是有多余约束的几何不变体系；(   )是几何可变体系。

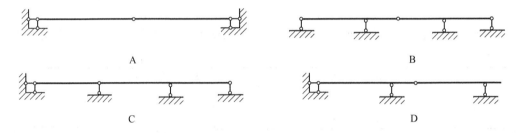

图　10-5

三、判断

拆除各结构体系中的二元体，则图 10-6c 所示是无多余约束的几何不变体系(   )；图 10-6d 所示是有多余约束的几何不变体系(   )；图 10-6a、b 所示是几何可变体系(   )。

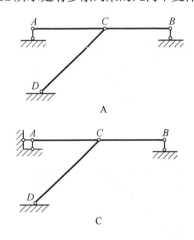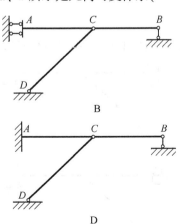

图　10-6

四、几何组成分析

1. 对图 10-7 所示各梁进行几何组成分析。

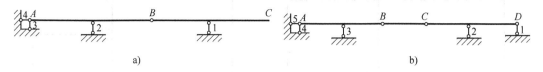

a)　　　　　　　　　　　b)

图　10-7

2. 对图 10-8 所示各桁架进行几何组成分析。

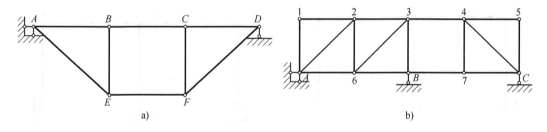

a)　　　　　　　　　　　b)

图　10-8

3. 对图 10-9 所示各刚架进行几何组成分析。

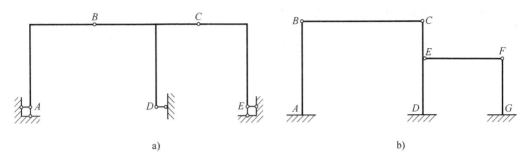

a)   b)

图　10-9

4. 对图 10-10 所示各组合结构进行几何组成分析。

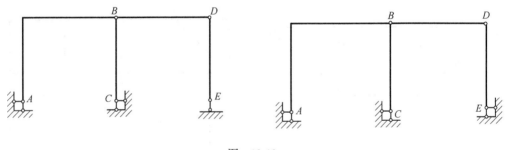

图　10-10

第十一章
静定结构的内力分析

练习三十三 （单跨静定梁的内力分析）

一、填空

1. 单跨静定梁的力学简图有_____、_____、_____三种形式。在一般荷载作用下，梁内任一截面上通常有_____、_____和_____三种内力。

2. 求解内力的基本方法是_____。由直梁弯曲部分用简便方法求梁的内力可知，$F_Q(x)$ 等于 x 截面左（或右）段梁上_____的代数和，左_____右_____为正。$M(x)$ 等于 x 截面左（或右）段梁上_____的代数和，左_____右_____为正。

3. 画剪力、弯矩图的简便方法：无荷载作用的梁段上，剪力图为_____，弯矩图为_____。均布荷载作用的梁段上，剪力图为_____，弯矩图为_____。

4. 利用叠加法作弯矩图是一种常用的简便作图方法。在用这种方法作弯矩图时，常以_____的弯矩图为基础，因此应熟练掌握_____在简单荷载作用下的弯矩图。

5. 区段叠加法选择控制截面，通常要选在_____作用点、_____作用点、_____的起点和终点、_____结点、_____结点上。

6. 用区段叠加法作弯矩图的步骤为：1）选择_____，并求出_____的弯矩值。2）当两控制截面间无荷载时，用_____连接两控制截面的弯矩值，即得该段弯矩图。3）当两控制截面间有荷载时，先用_____连接两控制截面的弯矩值，然后以此_____为基线，再叠加这段相应简支梁的弯矩值，即得该梁段的弯矩图。

二、选择

1. 当外力垂直于直梁轴线作用时，梁截面的内力有（　　　）；若外力不垂直于梁轴线作用时，梁截面的内力有（　　　）。

A. 轴力 F_N 　　　　B. 剪力 F_Q
C. 扭矩 T 　　　　D. 弯矩 M

2. 如图 11-1 所示简支梁，用叠加法画弯矩图，控制截面应选择（　　　）。

A. A 截面 　　　　B. B 截面
C. C 截面 　　　　D. D 截面

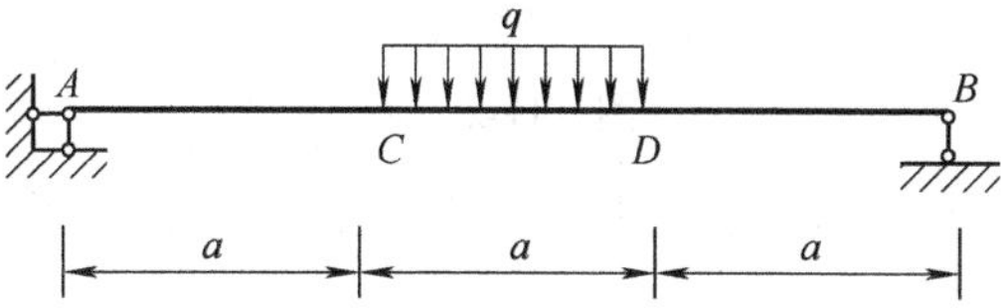

图 11-1

三、判断

1. 用区段叠加法时，当两控制截面间无荷载时，用虚直线连接两控制截面的弯矩值，即得该梁段的弯矩图。（　　　）

2. 用区段叠加法时，当两控制截面间有荷载时，先用虚直线连接两控制截面的弯矩值，并以此虚直线为基线，再叠加这段相应简支梁的弯矩值，即得该梁段的弯矩图。(   )

四、计算

试用叠加法作图 11-2 所示各单跨静定梁的弯矩图，并求最大弯矩。

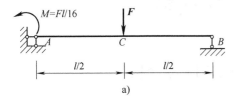

a)

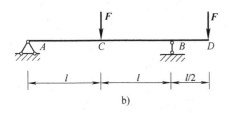

b)

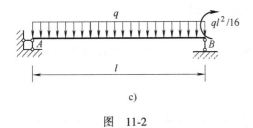

c)

图 11-2

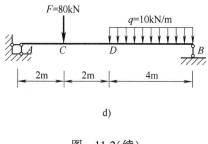

d)

图 11-2(续)

练习三十四 （单跨斜梁和多跨静定梁）

一、填空

1. 实际计算中常将楼梯斜梁的支座按两端_____简化。楼梯斜梁荷载的简化，承受的人群荷载简化为沿_____方向均布荷载；楼梯斜梁的自重简化为沿_____方向均布荷载。

2. 单跨斜梁的内力有_____、_____、_____。

3. 多跨静定梁是由若干个单跨梁用_____连接而组成的静定结构。多跨静定梁一般由_____部分和_____部分组成，能够独立承受荷载的梁段称为_____部分，依靠基本部分支承才能承受荷载的梁段称为_____部分。

4. 对多跨静定梁进行内力分析和计算时，应先计算_____，后计算_____。

二、选择

图 11-3 所示多跨梁，其基本部分是(   )，附属部分是(   )。

A. *AB* 段   B. *BC* 段   C. *CD* 段   D. *AE* 段

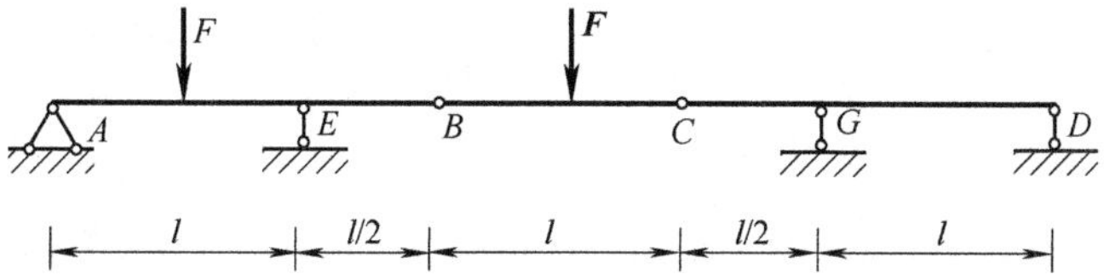

图 11-3

三、计算

1. 试计算图 11-4 所示楼梯斜梁 K 截面的内力。

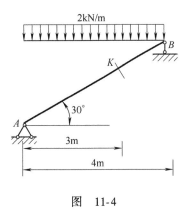

图　11-4

2. 画图 11-5 所示多跨静定梁的内力图。

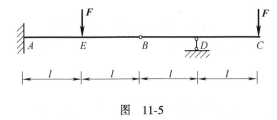

图　11-5

3. 画图 11-6 所示多跨静定梁的内力图。

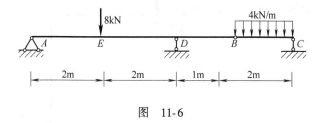

图　11-6

练习三十五　（静定平面刚架）

一、填空

1. 刚架是由若干个直杆通过_____连接而成的结构。刚架可分为_____平面刚架和_____平面刚架。在工程实际中，大多数为_____平面刚架，如房屋建筑结构中的多层多跨刚架(习惯上称为_____结构)。

2. 静定平面刚架常见的类型有，_____刚架、_____刚架、_____刚架和_____刚架等形式。

3. 静定平面刚架的内力有_____、_____、_____。

4. 静定平面刚架的弯矩图要画在杆件_____的一侧。剪力和轴力的正负号规定与前相同，即剪力绕截面_____转动为正，轴力以_____为正。剪力图和轴力图可画在杆件的任意一侧，但要注明正负号。

二、选择

图 11-7 所示为悬臂刚架，刚架弯矩 $M_{CB}=($ $)$；$M_{CA}=$
$($ $)$；$M_{AC}=($ $)$。刚架剪力 $F_{QCB}=($ $)$；$F_{QCA}=($ $)$。刚
架轴力 $F_{NCB}=($ $)$；$F_{NCA}=($ $)$。

A. Fl B. $-Fl$

C. F D. $-F$

E. 0

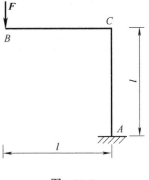

图   11-7

三、计算

1. 计算图 11-8 所示刚架刚结点的弯矩，并作弯矩图。

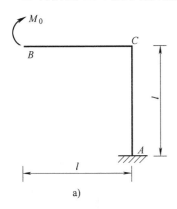

a)

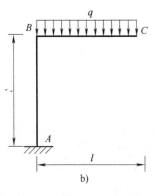

b)

图   11-8

2. 试作图 11-9 所示刚架的内力图。

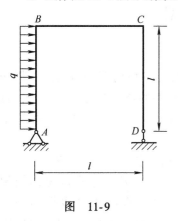

图 11-9

3. 试作图 11-10 所示三角刚架的弯矩图。

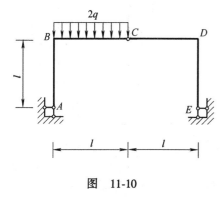

图 11-10

练习三十六 （静定平面桁架）

一、填空

1. 桁架是由若干根直杆在杆端用_____连接而成的结构。理想桁架是对实际桁架作了以下的假设：1）各杆件两端用理想_____连接。2）各杆件的轴线都是_____，且在同一平面内并通过铰的中心。3）荷载和支座约束力都作用在_____上，并位于桁架平面内。

2. 静定平面桁架常见的类型有，_____桁架、_____桁架和_____桁架。

3. 桁架的内力计算方法有_____法、_____法和_____法。结点法是以桁架_____为研究对象，由_____平衡方程求杆件内力的方法。截面法是假想用一个_____把桁架分成两部分，取其任一部分为研究对象，列平衡方程求解所截杆件内力的方法。将_____和_____联合起来使用，称为联合法。

4. 通常把桁架中轴力等于零的杆件称为_____。在桁架结构的内力计算时，宜先判断出结构中的零力杆或某些杆件的内力，能使计算得到简化。

二、计算

1. 指出图 11-11 所示桁架中的零力杆。

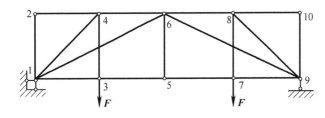

图　11-11

2. 试用结点法求图 11-12 所示桁架各杆的轴力。

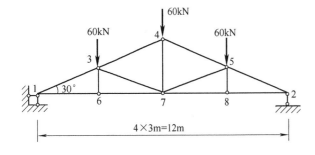

图　11-12

3. 试用截面法求图 11-13 所示桁架中 a、b、c 杆件的轴力。

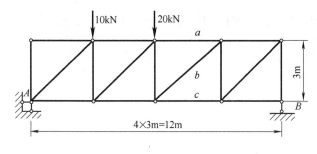

图　11-13

练习三十七　（三角拱和组合结构）

一、填空

1. 拱是由_____组成的在竖向荷载作用下支座处产生_____推力的结构。在竖向荷载作用下有无水平推力是_____结构和_____结构的主要区别。

2. 在拱结构中，由于水平推力的存在，拱横截面上的弯矩比相应_____对应截面上的弯矩值小得多，并且可使拱横截面上的内力以_____为主。

3. 拱结构的几何名称有_____、_____、_____、_____、_____和_____。拱高与跨度之比 f/l 称为_____，是影响拱的受力性能的主要几何参数。

4. 三铰拱的竖向支座约束力恰好等于相应_____的竖向支座约束力 F_{Ay}^0、F_{By}^0，推力 F_H 等于相应_____截面 C 的弯矩 M_C^0 除以拱高 f。

5. 合理拱轴是在已知荷载作用下，能使拱各截面弯矩_____的拱轴线。在竖向荷载作用下，对称三铰拱的合理拱轴线为_____；在填土荷载作用下的合理拱轴线为_____；在径向均布荷载作用下的合理拱轴线为_____。

6. 由_____杆和_____杆混合组成的结构称为组合结构。判断结构中链杆和梁式杆的基本原则是两端铰接直杆的跨内有无垂直于杆轴的外力，有则为_____，无则为_____。

二、计算

1. 试求图 11-14 所示三铰拱 K 截面的内力，已知拱轴线方程 $y = \dfrac{4f}{l^2}(l-x)x$，$y_K = 3\text{m}$，$K$ 截面方向角 $\varphi_K = 33.7°$，$\sin\varphi_K = 0.555$，$\cos\varphi_K = 0.832$。

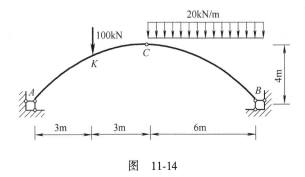

图 11-14

2. 试求图 11-15 所示组合结构的内力，在链杆旁标明轴力，并作出梁式杆的 M 图。

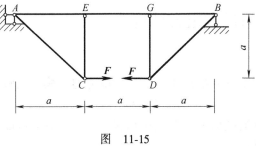

图 11-15

第 十 二 章
静定结构的位移计算

练习三十八 （虚功原理和位移计算的一般公式）

一、填空

1. 结构杆件截面的_____和_____称为结构位移。结构的位移包括_____和_____。截面_____的移动称为线位移；截面_____的角度称为角位移。

2. 使结构产生位移的原因除了荷载作用外，还有_____使材料膨胀或收缩、结构构件在制造过程中产生的_____、基础的沉陷或结构支座产生_____等因素。

3. 把集中力、力偶统称为_____力；线位移、角位移称为_____位移。如果广义力是集中力，则相应的广义位移为_____；若广义力是力偶，则相应的广义位移为_____。

4. 实功是指力在_____引起的位移上所做的功；而虚功是指力在_____所引起的位移上所做的功。

5. 虚功原理表明：力状态下的外力在_____状态下相应的位移上所做外力虚功 W_{12} 等于力状态下的内力在_____状态下相应变形上所做的内力虚功 W_{12}'。

6. 利用虚功原理在所求位移方向虚设_____计算结构位移的方法，称为单位荷载法。

二、选择

1. 应用单位荷载法每次只能求得( )位移。在虚设单位荷载时其指向可以假设，若计算结果为正，则表示真实位移方向与虚设单位荷载指向( )；若计算结果为负，则表示真实位移方向与虚设单位荷载指向( )。

A. 一个　　　　　B. 多个　　　　　C. 相同　　　　　D. 相反

2. 结构位移计算公式实际应用时可简化为：对于梁或刚架用( )；对桁架结构用( )；对组合结构用( )。

A. $\Delta_K = \sum \int \dfrac{\overline{M}M_P}{EI}\mathrm{d}s + \sum \int \dfrac{k\,\overline{F}_Q F_{QP}}{GA}\mathrm{d}s + \sum \int \dfrac{\overline{F}_N F_{NP}}{EA}\mathrm{d}s$

B. $\Delta_K = \sum \int \dfrac{\overline{M}M_P}{EI}\mathrm{d}x$　　　　　　　　C. $\Delta_K = \sum \int \dfrac{\overline{F}_N F_{NP}}{EA}\mathrm{d}x = \sum \dfrac{\overline{F}_N F_{NP}l}{EA}$

D. $\Delta_K = \sum \int \dfrac{\overline{M}M_P}{EI}\mathrm{d}x + \sum \dfrac{\overline{F}_N F_{NP}l}{EA}$

三、计算

1. 用积分法求图 12-1 所示梁指定截面的位移。已知 *EI* 为常数。

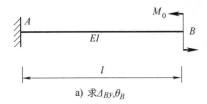

a) 求Δ_{By}, θ_B

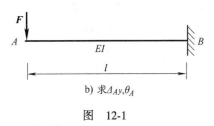

b) 求Δ_{Ay}, θ_A

图　12-1

2. 求图 12-2 所示简单桁架结点 *B* 的位移 Δ_{By}，Δ_{Bx}。已知 *EA* 为常数。

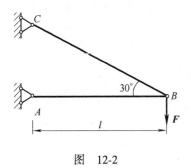

图　12-2

练习三十九 （图乘法一）

一、填空

1. 用图乘法计算梁或刚架的位移时，结构的各杆段须满足以下三个条件：1）杆件为_____杆；2）EI 为_____；3）$\overline{M}$ 图和 M_P 图两图中至少有一个是_____图形。

2. 图乘法位移计算式 $\Delta_K = \sum \int \dfrac{\overline{M}M_P}{EI}\mathrm{d}x = \sum \dfrac{Ay_C}{EI}$ 表明：梁或刚架上任意 K 点的位移 Δ_K 等于一个弯矩图的_____乘以其形心处所对应的另一个直线弯矩图上的_____，再除以_____。

3. 应用图乘法计算时应注意竖标 y_C 必须取自一个_____弯矩图中，A 则为另一弯矩图面积。乘积 Ay_C 的正负号规定：面积 A 与竖标 y_C 在杆件_____时取正号，_____时取负号。

二、判断

图 12-3 所示的图乘法示意图是否正确？如果不正确，请改正。

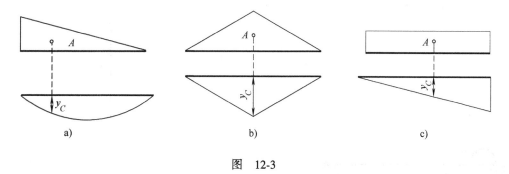

图 12-3

三、计算

用图乘法求图 12-4 所示梁指定截面的位移。已知 EI 为常数。

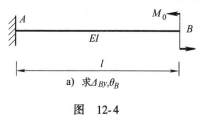

a) 求 Δ_{By}, θ_B

图 12-4

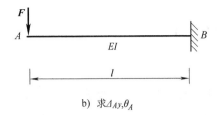

b) 求Δ_{Ay},θ_A

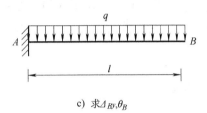

c) 求Δ_{By},θ_B

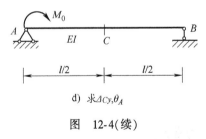

d) 求Δ_{Cy},θ_A

图 12-4(续)

练习四十 （图乘法二）

一、填空

1. 图乘法计算位移的解题步骤是：1）画出结构在_____作用下的弯矩图 M_P；2）根据所求位移选定相应的_____，画出单位弯矩图 $\overline{M}$；3）分段计算一个弯矩图形的_____及其形心 C 所对应的另一个弯矩图形的_____；4）将_____、_____代入图乘法公式计算所求位移。

2. 图乘技巧为：1）如果两个图形都是直线，则标距 y_C 取自其中_____图形。2）如果两个图形中，一个是曲线，一个是直线，曲线图形只能取_____，直线图形取_____。3）如果某一个图形是由几段直线组成的折线，则应_____计算。4）如果两个图形都是梯形，则可将它分解成两个_____，分别图乘然后再叠加。5）如果两个直线图形具有正、负两部分，则可将 M_p 图分解成两个_____。6）对均布荷载作用杆段，其 M_P 图可视为对应简支梁两端受力偶作用的弯矩图与均布荷载作用下弯矩图的叠加结果。计算时可将 $\overline{M}$ 图分别与上述两部分图乘，再求出代数和即可。

二、判断

图 12-5 所示的图乘法示意图是否正确？如果不正确请改正。

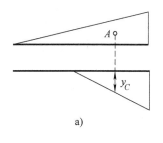
a)

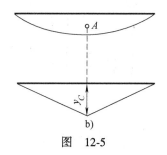
b)

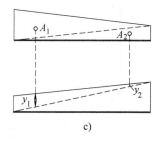
c)

图 12-5

三、计算

用图乘法求图 12-6 所示梁指定截面的位移。已知 EI 为常数。

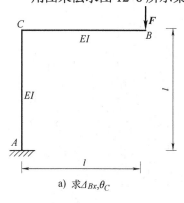

a) 求 Δ_{Bx}, θ_C

图 12-6

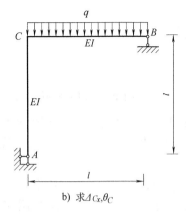

b) 求 Δ_{Cx}, θ_C

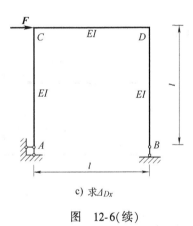

c) 求 Δ_{Dx}

图　12-6(续)

练习四十一 （支座移动的位移和互等定理）

一、填空

1. 静定结构在支座移动时的位移计算公式 $\Delta_K = -\sum \overline{F}_R \cdot c$ 中，$\overline{F}_R$ 为_____所产生的支座约束力，c 为支座处的_____。

2. 功的互等定理表明，第一状态的外力在第二状态的位移上所做的_____，等于第二状态的外力在第一状态的位移上所做的_____。

3. 位移互等定理表明，第二单位力在第一单位力作用点沿其方向上产生的_____，等于第一单位力在第二单位力作用点沿其方向上产生的_____。

4. 反力互等定理表明，支座 1 发生_____所引起的支座 2 的反力等于支座 2 发生_____所引起的支座 1 的反力。

二、分析与作图

图 12-7a 所示刚架 A 支座发生了位移，在图 12-7b 上表示出求 θ_C、图 12-7c 上表示出求 Δ_{Dx} 的单位荷载和 $\overline{F}_R$ 值。

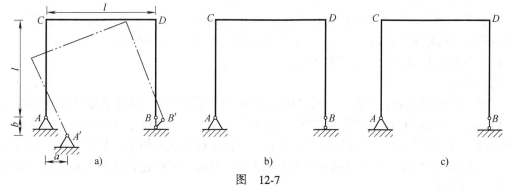

图　12-7

三、计算

图 12-8 所示刚架中，B 支座沿竖向沉降了 b，EI 为常数，试求 Δ_{Cx} 和 Δ_{Cy}。

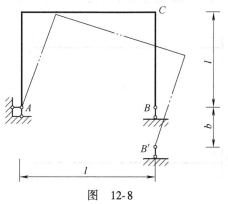

图　12-8

第 十 三 章
超静定结构的计算

练习四十二　（力法原理和典型方程）

一、填空

1. 把几何组成具有几何不变性而又有_____的结构称为超静定结构。确定结构的超静定次数，一般采用去掉_____的方法，将超静定结构变为静定结构。把去掉的 n 个多余约束用作用力_____表示。超静定结构的计算方法较多，基本方法有_____法和_____法。

2. 力法的基本思路是：首先解除结构的_____，用_____代替，然后根据多余约束处的位移条件，建立力法_____，求解出多余未知力。

3. 把去掉多余未知力和荷载的静定结构称为力法的_____；把作用有多余未知力和荷载的静定结构称为力法的_____；待求的多余未知力 X_i 为力法的_____。

4. 一次超静定结构的力法基本方程为：_____。

二、选择

1. 确定结构的超静定次数，一般采用去掉多余约束的方法，将超静定结构变为静定结构。1）去掉一根链杆或者切断一根链杆，相当于去掉（　　）约束；2）去掉一个铰支座或一个单铰，相当于去掉（　　）约束；3）去掉一个固定端支座或切断一根梁式杆，相当于去掉（　　）约束；4）将一个固定端支座改为铰支座或者将一刚性连接改为单铰连接，相当于去掉（　　）约束。

A. 一个　　　　　B. 两个　　　　　C. 三个　　　　　D. 四个

2. 图 13-1 所示各结构中，一次超静定结构是（　　）；二次超静定结构是（　　）；三次超静定结构是（　　）。

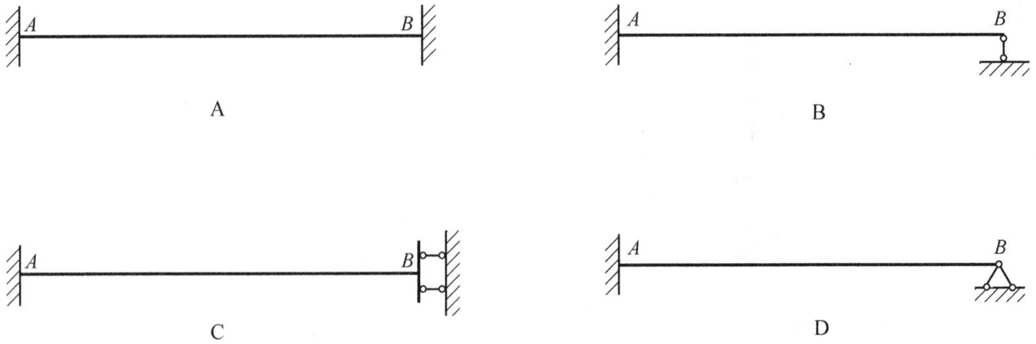

A

B

C

D

图　13-1

三、计算

1. 试用力法计算图 13-2 所示超静定梁的内力，并画出弯矩图。

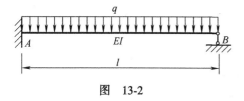

图 13-2

2. 试用力法计算图 13-3 所示超静定刚架的内力，并画出弯矩图。

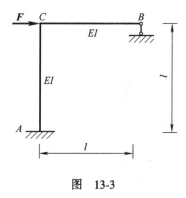

图 13-3

练习四十三 （用力法求解超静定结构）

一、填空

1. 一个二次超静定结构的力法典型方程为：

       _____

       _____

2. 一个三次超静定结构的力法典型方程为：

       _____

       _____

       _____

3. 用力法计算超静定结构在支座移动所引起的内力时，其力法方程 $\delta_{11}X_1 + \Delta_{1C} = 0$ 中的自由项 Δ_{1C} 表示：基本结构由于支座移动在多余约束处沿_____方向所引起的位移。

二、分析作图

图 13-4 所示为超静定结构，试建立其基本体系；画出 M_P 图、$\overline{M}_1$ 图、$\overline{M}_2$ 图。

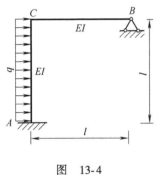

图　13-4

三、计算

试用力法计算图 13-5 所示超静定刚架的内力，并画出弯矩图。

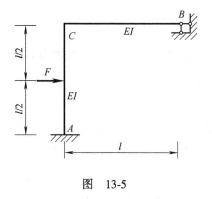

图　13-5

练习四十四 （位移法概念 基本未知量和转角位移方程）

一、填空

1. 位移法的基本思路是：以结构的独立结点_____和结点_____作为基本未知量，以原结构结点的静力平衡条件建立_____方程，求解结点_____和_____，进而利用结点位移和杆端力之间的关系，求出全部结构_____。

2. 用位移法计算超静定结构，是把超静定结构的某些结点位移（角位移和线位移）作为_____，单跨超静定梁作为_____。位移法基本未知量的确定方法：数刚结点的数目确定结点_____数；用铰化结点法确定独立的结点_____数。

3. 基本未知量确定以后，在相应的结点位移处增设相应的约束（刚结点处增加_____，线位移处增加相应的_____），所得的结构称为位移法_____。

4. 位移法是以单跨超静定梁作为计算单元，单跨超静定梁的支承情况一般可以分为以下三种：两端_____、一端_____一端_____、一端_____一端_____。

5. 在位移法中，经常需要用到单跨超静定梁在荷载、支座位移情况下的杆端弯矩和剪力。表示杆端弯矩（或杆端剪力）与荷载和支座位移之间关系的表达式称为_____。

二、选择

位移法中杆端弯矩和杆端位移正负规定为：杆端弯矩对杆端而言以（　　）转动方向为正；杆端转角以（　　）转动为正；杆件两端在垂直于杆轴方向上的相对线位移 Δ（也称侧移）以使整个杆件（　　）转动为正；弯矩对结点或支座而言，则以（　　）转向为正。

A. 顺时针　　　　　B. 逆时针

三、查表

图 13-6 所示各单跨超静定梁，A 端发生角位移 θ_A，查表求杆端内力。

a) 图 13-6a　M_{AB} = (　　　　　)

　　　　　　M_{BA} = (　　　　　)

b) 图 13-6b　M_{AB} = (　　　　　)

　　　　　　M_{BA} = (　　　　　)

c) 图 13-6c　M_{AB} = (　　　　　)

　　　　　　M_{BA} = (　　　　　)

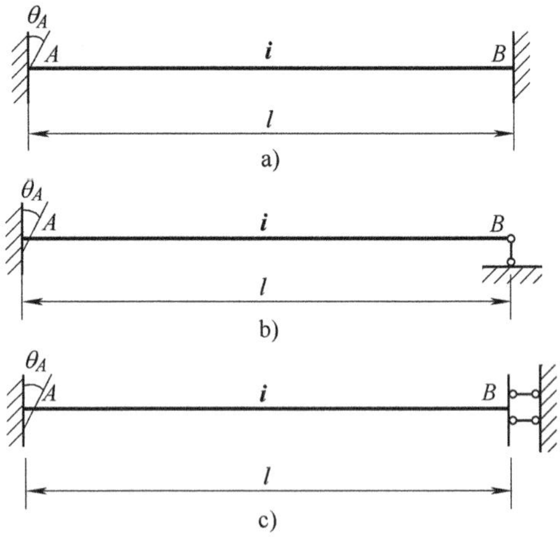

图 13-6

四、计算

1. 图 13-7 所示连续梁，确定其位移法基本未知量；查表列出各杆端转角位移方程，并画出弯矩图。

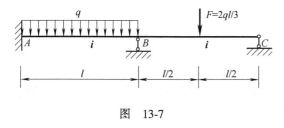

图 13-7

2. 图 13-8 所示刚架，确定其位移法基本未知量；查表列出各杆端转角位移方程，并画出弯矩图。

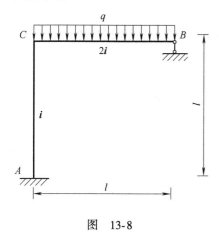

图 13-8

练习四十五 （用位移法求解连续梁和超静定刚架）

一、填空

1. 位移法计算超静定的一般步骤为：

1）确定基本_____和基本结构。

2）列出各杆端_____方程。

3）根据平衡条件建立位移法_____（一般对有转角位移的刚结点列力矩平衡方程,有结点线位移时则考虑线位移方向的静力平衡方程）。

4）解出_____。

5）求出杆端_____。

6）作出_____。

2. 如果结构的各结点只有转角而没有线位移，则为无结点线位移结构。用位移法计算时，只有结点_____基本未知量，故仅需建立刚结点处的_____平衡方程，就可求解出全部未知量进而计算杆端弯矩，绘出弯曲图。

3. 如果结构的结点有线位移，则此结构称为有结点线位移结构。对于有结点线位移的刚架来说，一般要考虑杆端剪力，建立线位移方向的_____平衡方程和刚结点处的_____平衡方程，才能解出未知量。

二、计算

1. 用位移法计算图 13-9 所示刚架，已知 F，线刚度 i，并画出刚架的弯矩图。

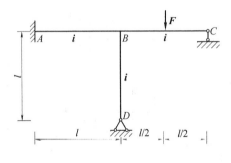

图　13-9

2. 用位移法计算图 13-10 所示刚架，并画出刚架的弯矩图。

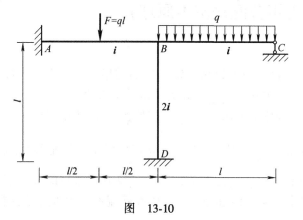

图 13-10

练习四十六　（力矩分配法基本原理）

一、填空

1. 力矩分配法是在_____基础上发展起来的求解超静定结构的实用方法。力矩分配法是直接求解杆端弯矩的一种渐近法，适用于求解_____和无结点线位移的_____。

2. 力矩分配法的几个基本概念：1）线刚度 i 表示_____的刚度；2）转动刚度 S 表示杆端抵抗_____的能力；3）分配系数 $\mu_{Aj} = \dfrac{S_{Aj}}{\sum S}$ 表明，任一杆 Aj 在结点 A 的分配系数 μ_{Aj} 等于杆件 Aj 的_____与汇交于 A 结点各杆_____之和的比值，计算分配弯矩的文字表达为：分配弯矩 =（-）_____×分配系数；4）传递系数 C 表示近端有转角时，远端_____弯矩与近端_____弯矩的比值。

3. 力矩分配法的基本思路可以概括为"固定"和"放松"。通过固定_____，把原结构改造成各单跨超静定梁的组合体。此时各杆端有固端_____，而在被固定的结点有不平衡_____，此不平衡_____暂时由附加刚臂承担。放松结点让其转动使结构恢复到原来的状态。放松过程相当于在结点上又加上了与不平衡_____等值、反向的放松_____，于是，不平衡_____被抵消，结点获得平衡。此时，放松_____将按分配系数大小分配给各杆的_____，再按传递系数的大小传递到各杆的_____。最后，将结构在固定状态时的固端_____与在放松状态时的分配_____和传递_____叠加，就可以求得原结构中各杆的杆端_____。

二、选择

图 13-11 所示各单跨超静定梁，图 a 中梁的转动刚度等于(　　)；图 b 中梁的转动刚度等于(　　)；图 c 中梁的转动刚度等于(　　)；图 d 中梁的转动刚度等于(　　)。

A. $4i$　　　　　　B. $3i$　　　　　　C. i　　　　　　D. 0

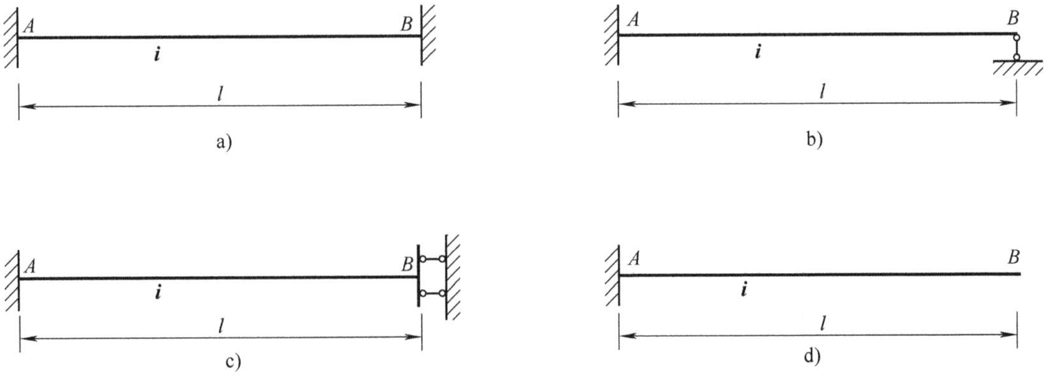

图　13-11

三、计算

1. 图 13-12 所示连续梁，试计算其分配系数、固端弯矩、分配弯矩和传递弯矩，并画弯矩图。

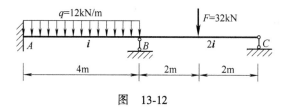

图 13-12

2. 图 13-13 所示超静定刚架，计算其分配系数、固端弯矩、分配弯矩和传递弯矩，并画弯矩图。

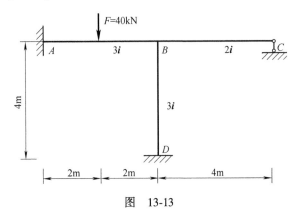

图　13-13

练习四十七 （用力矩分配法求解连续梁和无侧移刚架）

一、填空

对于多结点的连续梁和无结点线位移刚架，其计算方法与单结点的结构相同，只是分配_____有一个反复计算的过程。首先，松开其中某一个结点，该结点在不平衡力矩作用下发生转角，因而产生分配_____，该结点因分配_____而平衡。这时需要重新将该结点固定，然后，松开其相邻的结点进行分配，这时相邻的结点分配平衡后会传递一个传递弯矩使已经分配平衡的这个结点又产生新的不平衡_____，又需要再次松开此结点重新将此新的不平衡力矩分配平衡。如此反复进行，分配_____及传递_____逐次减小，直到传来的不平衡_____数值很小，可以忽略不计为止。整个分配传递过程需要列表进行。

二、计算

1. 用力矩分配法填表求解图 13-14 所示多结点连续梁，并画弯矩图。

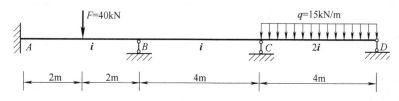

图 13-14

结点	A	B		C		D
杆端	AB	BA	BC	CB	CD	DC
分配系数						
固端弯矩						
B 点一次分配传递	←		→			
C 点一次分配传递			←		→	
B 点二次分配传递	←		→			
C 点二次分配传递						
最终弯矩						

2. 用力矩分配法填表求解图 13-15 所示多结点刚架，并画弯矩图。

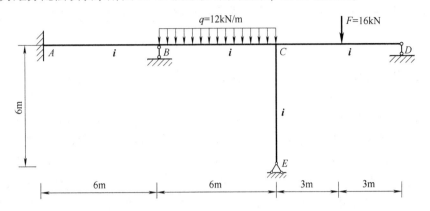

图 13-15

结点	A	B		C			D	E
杆端	AB	BA	BC	CB	CE	CD	DC	EC
分配系数								
固端弯矩								
B 点一次分配传递	←		→					
C 点一次分配传递			←			→	→
B 点二次分配传递	←		→					
C 点二次分配传递			←			→	→
B 点三次分配传递	←							
最终弯矩								

第十四章
影 响 线

练习四十八 （影响线及其应用）

一、填空

1. 影响线的定义如下：当一个方向不变的单位_____在结构上移动时，表示某指定截面的某一量值_____的图形，称为该量值的影响线。

2. 用静力法作影响线，就是以_____的作用位置 x 为变量，利用静力平衡方程列出所研究的量值与 x 的关系，这种关系称为_____。再根据_____，作出相应量值的影响线。

3. 机动法是以_____为基础，把作内力或支座约束力影响线的_____转化为作_____的几何问题。

二、分析作图

1. 试用静力法作图 14-1 所示简支梁 C 截面的弯矩、剪力的影响线。

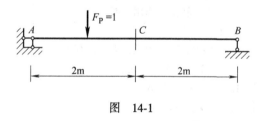

图 14-1

2. 试用静力法作图 14-2 所示外伸梁 C 截面的弯矩、剪力的影响线。

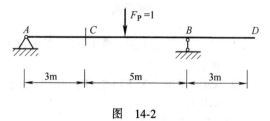

图 14-2

参考答案

练习一

一、1. 技术基础，杆系结构，安全可靠，经济，理论依据，计算方法。

2. 机械，运动状态，形状尺寸。

3. 一，两。

4. 零，静止，匀速直线，二力平衡。

5. 二力构件，连线。

6. 三力构件，交点。

7. 相等，相反，相同，两。

二、1. B，C，C。

三、1. √。2. √。3. ×，√。

四、略。

练习二

一、1. 周围物体，主动力，约束力。

2. 三。

3. 中心线，背离。

4. 公法线，指向。

5. 中间，固定，活动；(a)确定，作用点，不确定，正交分力；(b)支承面，指向。

二、C，A，C，A，B。

三、略。

练习三

一、1. 约束，分离。2. 主动，约束。

二、略。

练习四

一、1. 坐标轴，垂线，代数。

2. 对角线，两边。

3. $\sqrt{F_x^2+F_y^2}$，$\arctan|F_y/F_x|$。

4. 合力为零，两，0，0。

5. 垂直。

二、1. ×。2. √。3. ×，×，√。

三、略。

四、1. $\sum F_x = 800\text{N}$，$\sum F_y = 1400\text{N}$。

$F_R = 1612.5\text{N}$，$\alpha_0 = 60.3°$。

2. $F_{AB} = F_{AC} = G$。

3. $F_{BC} = 2\sqrt{3}G/3$，$F_{AB} = \sqrt{3}G/3$。

4. $F_1 = 2G$，$F_2 = -\sqrt{3}G$。

练习五

一、1. 转动，$\text{N}\cdot\text{m}$，$M_O(F)$，逆时针。

2. 分力，代数。

3. F_x，F_y，代数和，$M_O(F_x)+M_O(F_y)$。

4. 相等，相反，平行，$\text{N}\cdot\text{m}$，转动，力偶矩大小，转向，作用平面。

5. 零，力偶矩。

6. 平移力，附加力偶，无关，有关。

二、1. √。2. √，√。3. √。

三、1. C。2. D，D，A。

四、a) $M_O(F) = F\sin\alpha \cdot l$；

b) $M_O(F) = -Fa$；

c) $M_O(F) = F(l+r)$；

d) $M_O(F) = F\sin\alpha \cdot \sqrt{l^2+a^2}$；

e) $M_O(F) = F(a\sin\alpha-b\cos\alpha)$；

f) $M_O(F) = F(l\sin\alpha-a\cos\alpha)$。

练习六

一、1. $\sqrt{(\sum F_x)^2+(\sum F_y)^2}$，简化中心，$\sum M_O(F)$，该平面。

2. 无关，有关。3. $F'_R = 0$，$M_R = 0$。4. 垂直，未知力。

二、(1) B。(2) B，B。

三、1. √，×。2. ×，√。

四、1. a) $F_B = 2F/3$，$F_{Ax} = 0$，$F_{Ay} = F/3$；

    b) $F_B = 2F$，$F_{Ax} = 0$，$F_{Ay} = -F$；

    c) $F_A = 2F$，$F_{Bx} = 2F$，$F_{By} = F$。

2. $F_{CD} = \sqrt{2}F$，$F_{Ax} = -F$，$F_{Ay} = 0$。

3. $F_B = 7.5\text{kN}$，$F_{Ax} = 0$，$F_{Ay} = 2.5\text{kN}$。

4. $361.1\text{kN} \leqslant Q \leqslant 375\text{kN}$。

练习七

一、1. 移动，转动。

2. N/m，ql，中点，q 方向。

3. 中点，矩心。

二、1. a) $F_B = 2qa$，$F_{Ax} = 0$，$F_{Ay} = qa$；

    b) $F_B = 11qa/6$，$F_{Ax} = 0$，$F_{Ay} = 13qa/6$；

    c) $M_A = 3qa^2$，$F_{Ax} = 0$，$F_{Ay} = 3qa$；

    d) $M_A = -7qa^2/2$，$F_{Ax} = 0$，$F_{Ay} = 2qa$。

2. $F_B = 4\text{kN}$，$F_{Ax} = 4\text{kN}$，$F_{Ay} = 6\text{kN}$。

3. $F_{CD} = \dfrac{\sqrt{2}}{2}qa$，$F_{Ax} = -\dfrac{1}{2}qa$，$F_{Ay} = \dfrac{1}{2}qa$。

练习八

一、1. 少于或等于，求解，多于，不能。

2. 外力，内力，外力，内力。

二、C，B，B，A。

三、1. $F_D = F/2$，$F_{Cx} = 0$，$F_{Cy} = -F/2$，

    $M_A = 0$，$F_{Ax} = 0$，$F_{Ay} = F/2$。

2. $F_A = qa$，$F_{Bx} = 0$，$F_{By} = qa$，

    $M_A = -3qa^2$，$F_{Cx} = 0$，$F_{Cy} = 2qa$。

3. $F_{Ax} = -3qa/8$，$F_{Ay} = -3qa/4$，

    $F_{Bx} = 5qa/8$，$F_{By} = 7qa/4$，

    $F_{Cx} = 5qa/8$，$F_{Cy} = 3qa/4$。

4. $F_B = qa/2$，$F_{Dx} = 0$，$F_{Dy} = qa/2$，

    $M_A = 3qa^2$，$F_{Ax} = -qa$，$F_{Ay} = 3qa/2$。

5. $F_1 = 5\text{kN}$，$F_2 = -5\text{kN}$，$F_{AD} = 7.07\text{kN}$。

练习九

一、1. 摩擦力，动，静。

2. 相反，增加，$\mu_s F_N$。

二、B，A，C，D。

三、1. $F = G(\sin\alpha + \cos\alpha \cdot \mu_s)$。

2. （3）$F_{fB} = G_1 \mu_{s1} < F_{fBmax} = F_{NB} \mu_{s2} = (G_1 +$

$G_2) \mu_{s2}$。

3. $F \geqslant 100\text{N}$。

练习十

一、1. 破坏，变形。

2. 安全又经济，合适，合理，理论基础，计算方法。

3. 轴向拉（压），剪切，扭转，弯曲。

4. 轴线。

5. 轴力，F_N。

6. 基本，相等，代数和。

二、1. D，A，B，C。

2. A，B，C，D。

3. A，B，C、D。

4. A，D。

三、1. √。 2. ×，√。

四、a) $F_{N1} = -6\text{kN}$，$F_{N2} = 4\text{kN}$；图略。

    b) $F_{N1} = 12\text{kN}$，$F_{N2} = -8\text{kN}$；图略。

练习十一

一、1. 集度，Pa，正，σ。

2. 垂直，正，均匀。

3. 许用应力，$\sigma_{max} = F_N/A \leqslant [\sigma]$，强度设计。

4. 三，强度，截面，许可荷载。

二、C，A。

三、1. ×。 2. √，√。

四、1. $\sigma_{AB} = 140\text{MPa}$，$\sigma_{BC} = 150\text{MPa}$；

    $\sigma_{max} = 150\text{MPa} < [\sigma]$，强度满足。

2. $F_{AC} = F_{AB} = G = 17\pi \text{ kN}$，$d \geqslant 20\text{mm}$。

3. $[F] = 35.5\text{kN}$。

练习十二

一、1. 伸长，缩短，缩短，伸长，绝对变形，相对变形，应变，ε。

2. 正比，正比，反比，弹性模量，E，MPa。

3. 应变，$\sigma = E\varepsilon$。

4. 抗拉（压）刚度。

二、A、B、C，D，A、B，B、D。

三、1. ×。 2. ×。

四、1. $\Delta l = 0.01\text{mm}$。

2. （1） $\sigma=40\text{MPa}$；（2） $F=80\text{kN}$；

   （3） $\Delta l=0.2\text{mm}$。

3. （1） $x=3l/5=1.2\text{m}$；（2） $\sigma_1=120\text{MPa}$， σ_2 $=90\text{MPa}$。

练习十三

一、1. 弹性，屈服，强化，缩颈断裂，三，比例
极限 σ_p，屈服点 σ_s，抗拉强度 σ_b。

  2. 伸长率 δ， $\delta=(l_1-l)/l\times100\%$。

  3. 强化，比例，塑。

  4. 相同，大于。

二、1. A，B，C。

  2. A、B、C，B，C，A。

  3. D。

  4. B，A。

  5. C，B，A。

  6. C，D， A_1， A_1，A， D_1， B_1， C_1。

三、1. $[\sigma]=120\text{MPa}$。

  2. $E=204.6\text{GPa}$， $\sigma_s=216.5\text{MPa}$，

    $\sigma_b=407.4\text{MPa}$， $\delta=26.2\%$，

    $\varPsi=52.4\%$。

练习十四

一、1. 静定，超静定。

  2. 协调条件。

二、1. $F_A=6\text{kN}$， $F_B=4\text{kN}$。

  2. $[F]=\dfrac{5A[\sigma]}{6}$。

练习十五

一、1. 相等，相反，相距很近，相对错动，剪
切面。

  2. 接触面，塑变，压溃，相互作用。

  3. 平行， F_Q，比较复杂，均匀， $\tau=F_Q/A$。

  4. 应力，比较复杂，均匀 $\sigma_{jy}=F_{jy}/A_{jy}$。

二、1. C，B。2. B，C。

三、1. √。2. √。

四、1. $F=36.2\text{kN}$。

  2. $\tau=94.3\text{MPa}\leqslant[\tau]$， $\sigma_{jy}=133.3\text{MPa}\leqslant[\sigma_{jy}]$，
接头的强度满足。

3. $l\geqslant113.1\text{mm}$，取 $l=113.1\text{mm}+2\delta=133\text{mm}$。

练习十六

一、1. 大小相等，转向相反，外力偶矩，相对
转角。

  2. $M=9549P/n$， $\text{N}\cdot\text{m}$， kW， r/min。

  3. 扭矩， T。

  4. 代数和，正，负。

二、1. D，C。2. B。3. B。

三、1. a） $T_1=5\text{kN}\cdot\text{m}$， $T_2=-4\text{kN}\cdot\text{m}$；

   b） $T_1=12\text{kN}\cdot\text{m}$， $T_2=-8\text{kN}\cdot\text{m}$；

   c） $T_1=7\text{kN}\cdot\text{m}$， $T_2=-8\text{kN}\cdot\text{m}$， $T_3=0$。

练习十七

一、1. 平行，切。

  2. 垂直，正比， $T\rho/I_\rho$。

  3. $\pi d^4/32$， mm^4， $\pi d^3/16$， mm^3， $0.1d^4$， $0.2d^3$。

  4. 圆周边缘，扭矩，圆周边缘。

  5. $\tau_{max}=T_{max}/W_p\leqslant[\tau]$。

二、1. D，D，D、C，B，A。

三、1. ×，√。2. √。

四、1. 略。2. $d\geqslant50\text{mm}$。

  3. 实心轴： $W_{p1}=5.4\times10^6\text{mm}^3$，空心轴： $W_{p2}=$ $6.53\times10^6\text{mm}^3$，由于 $W_{p1}\leqslant W_{p2}$，所以按实心轴确
定得 $M\leqslant540\text{kN}\cdot\text{m}$。

练习十八

一、1. 相对转角， $\dfrac{Tl}{GI_p}$，抗扭刚度。

  2. $\dfrac{T}{GI_p}$， rad/mm。

  3. 扭矩最大。

  4. $\theta_{max}=\dfrac{Tl}{GI_p}\times\dfrac{180°}{\pi}\leqslant[\theta]$。

二、1. A，B，C、D。2. B，D，A、C。

三、1. √。√。2. √。

四、1. $\varphi_{BA}=-3.2\times10^{-2}\text{rad}$， $\varphi_{AC}=1.6\times10^{-2}\text{rad}$， φ_{BC} $=-1.6\times10^{-2}\text{rad}$。

  2. $\tau_{max}=80\text{MPa}<[\tau]$，强度满足；

    $\theta_{max}=2.3\times10^{-3}°/\text{mm}>[\theta]$，刚度不满足。

练习十九

一、1. 横向力，弯成曲线。

2. 纵向对称，平面曲线，平面弯曲。

3. 轴线，支承，荷载，简支，外伸，悬臂。

4. 平行，垂直。

5. 外力，上，下，左上右下，外力，截面形心，顺时针，逆时针，左顺右逆。

二、C。

三、1. $\checkmark$，$\checkmark$。2. $\times$。3. $\times$。

四、a) $F_{Q1} = F/2$，$M_1 = Fl/4$;

$F_{Q2} = -F/2$，$M_2 = Fl/4$。

b) $F_{Q1} = ql/2$，$M_1 = 0$;

$F_{Q2} = 0$，$M_2 = ql^2/8$。

c) $F_{Q1} = -M_0/l$，$M_1 = -M_0/2$;

$F_{Q2} = M_0/l$，$M_2 = M_0/2$。

练习二十

一、1. 截面坐标 x。

2. 截面坐标 x，x 轴。

3. 两，集中力，集中力偶。

4. a) 水平线，水平，斜直线，斜直;

b) 斜直线，斜直，二次曲线，均布荷载，二次曲线;

c) 突变，集中力，集中力，折点;

d) 不变，突变，集中力偶，顺时针;

e) 集中力，集中力偶，零。

二、1. a) $F_Q(x) = -F$，$M(x) = -Fx$;

b) $F_Q(x) = qx$，$M(x) = -\dfrac{qx^2}{2}$。图略。

2. a) $M_{max} = \dfrac{Fl}{4}$，b) $M_{max} = \dfrac{ql^2}{8}$;

c) $M_{max} = Fa$; d) $M_{max} = \dfrac{Fa}{3}$; e) $M_{max} = Fl$。

图略。

练习二十一

一、1. $dM(x)/dx = F_Q(x)$，$dF_Q(x)/dx = q(x)$。

2. 剪力，零，均布荷载。

二、a) $M_{max} = \dfrac{qa^2}{2}$; b) $M_{max} = \dfrac{3ql^2}{2}$; c) $M_{max} = \dfrac{9ql^2}{128}$。

图略。

练习二十二

一、1. 中性轴，纵向纤维，纤维层，中性层，正。

2. 中性轴，零，上、下边缘。

3. $\pi D^4/64$，$0.1D^3$，$bh^3/12$，$bh^2/6$。

4. 弯矩最大，上、下边缘。

二、1. C，B。2. B、D，B，D，A、C。

三、1. $\times$。2. $\checkmark$。3. $\checkmark$。4. $\checkmark$。

四、1. （1）$\sigma = 5MPa$; （2）$\sigma_{max} = 6.25MPa < [\sigma]$，强度满足。

2. $d \geqslant 27.78mm$。

3. 由于 $q \leqslant 1.2N/mm = 1.2kN/m$，故取 $[q] = 1.2kN/m$。

练习二十三

一、1. 静矩，面积，形心坐标。

2. 惯性矩，mm^4。

3. z，惯性半径，$d/4$，$\dfrac{\sqrt{3}h}{6}$。

4. 形心轴，截面面积，两轴距离。

5. 算术和。

二、A，B。

三、1. $\checkmark$，$\times$。2. $\times$。3. $\checkmark$。4. $\checkmark$。

四、1. a) $I_z = \pi D^4/64 - Dd^3/12$，

$W_z = I_z/(D/2) = \pi D^3/32 - d^3/6$;

b) $I_z = (B-b)h^3/12$，$W_z = (B-b)h^2/6$;

c) $I_z = 6800cm^4$，$W_z = 2W'_z = 618cm^3$。

2. $y_C = 26.7mm$，

$I_z = 8.7 \times 10^6 mm^4$，

$W_z^{上} = 8.7 \times 10^6/46.7mm^3 = 0.19 \times 10^6 mm^3$，

$W_z^{下} = 8.7 \times 10^6/73.3mm^3 = 0.12 \times 10^6 mm^3$。

3. $W_z \geqslant 825cm^3$，查表确定工字钢为 36a。

练习二十四

一、1. 最大弯矩，抗弯截面系数。

2. 中点，最大弯矩。

3. 对称，不对称。

二、B、C、D。

三、1. D 移动到 AB 中点有 $M_{max}=F(l-x)/4$，D 移动到外伸端 C 有 $M_{max}=Fx$，因此有 $x=l/5$。

2. $x \leqslant l/3 = 5\text{m}$。

练习二十五

一、1. 位移，挠度，中性轴，转角，平面曲线，挠曲线。

2. 挠度，转角，上，逆。

3. 单独，代数和，叠加法。

4. 挠度，转角，$\dfrac{y_{max}}{l} \leqslant \left[\dfrac{f}{l}\right]$。

二、1. C，B，A，D。2. D。

三、1. a) $y_{max}=-\dfrac{Fl^3}{24EI}$，$\theta_{max}=\theta_B=-\dfrac{13Fl^2}{48EI}$；

　　 b) $y_{max}=y_B=-\dfrac{43ql^4}{384EI}$，$\theta_{max}=\theta_B=\dfrac{15ql^3}{24EI}$。

2. $I \geqslant 833.3\text{cm}^4$，查表选取 16a 号槽钢，$I = 866\text{cm}^4$。

练习二十六

一、1. 静定梁，超静定梁。

2. 静定基础，基本体系，变形协调。

二、1. $F_B = 3ql/8$，$M_A = ql^2/8$，$F_A = 5ql/8$。

2. $F_B = 6ql/17$，$M_A = 5ql^2/34$，$F_A = 11ql/17$，$F_C = F_D = 3ql/17$。

练习二十七

一、1. 组合变形。

2. 平面弯曲，斜弯曲，拉（压）弯，偏心拉（压）。

3. $\sigma_{max} = \dfrac{M_{zmax}}{W_z} + \dfrac{M_{ymax}}{W_y} \leqslant [\sigma]$，$\sigma_{max} = \dfrac{F_N}{A} + \dfrac{M_{max}}{W_z} \leqslant [\sigma]$。

二、A、C、A、E、D、A。

三、1. $\sigma_{max} = 133.3\text{MPa}$。

2. $b \geqslant 93.75\text{mm}$，取 $b = 94\text{mm}$，$h = 141\text{mm}$。

3. $\sigma_{max} = 138.2\text{MPa} < [\sigma]$，强度满足。

练习二十八

一、1. 轴向拉（压），弯曲。2. 截面核心。

3. $\sigma_{max} = \dfrac{F_N}{A} \pm \dfrac{M_z}{W_z} \leqslant [\sigma]$。

4. $\sigma_{max} = \dfrac{F_N}{A} \pm \dfrac{M_z}{W_z} \pm \dfrac{M_y}{W_y} \leqslant [\sigma]$。

二、C。

三、1. $h = 372\text{mm}$，$\sigma_{max}^- = 5.85\text{MPa}$。

2. $\sigma_{max}^+ = 50\text{MPa}$，$\sigma_{max}^- = -70\text{MPa}$。

3. $\sigma_{xd3} = 166.7\text{MPa} < [\sigma]$，强度满足。

练习二十九

一、1. 直线平衡，稳定性。

2. 材料，截面，约束，杆长。

3. 比例极限。

4. 小，差。

二、A、C。

三、1. ×，√。2. √，×。3. √，× ×。

4. √，√。

四、圆截面：$\lambda = 80 < \lambda_p$，用经验公式得 $\sigma_{cr} = 214.4\text{MPa}$；

　　 矩形截面：$\lambda_y = 120.2 > \lambda_p$，用欧拉公式得 $\sigma_{cr} = 136.7\text{MPa}$。

练习三十

一、1. 许用应力，安全因数。

2. 材料，材料，柔度。

3. 校核稳定性，设计截面，确定许可荷载。

4. $\sigma = \dfrac{F}{A} \leqslant \varphi[\sigma]$。

二、1. $\varphi[\sigma] = 5.23\text{MPa}$，$\sigma = 3.93\text{MPa} < \varphi[\sigma]$，故 BD 杆的稳定性满足。

2. $\varphi[\sigma] = 57.8\text{MPa}$，结构的许可荷载 $[F] = 51\text{kN}$。

练习三十一

一、1. 分析，计算，结构，结点，支座，荷载。

2. 梁，刚架，拱，桁架，组合结构。

3. 独立坐标，两，三。

4. 自由度，自由度。

5. 一，一，两，两，三，三。

6. $2(n-1)$，$n-1$，两刚片，单铰，单铰。

7. 不能，能够。

8. 位置，位置。

9. 瞬变体系。

二、1. A、E，B、C、F、G，D、H。

2. A、B，C，D、E。

3. 1、3，2 或 4，1、2、3、4，无。

4. D、E、F、I，A、B，C、G、H。

5. A、B，C、D。

练习三十二

一、1. 二元体，链杆，两杆不共线。

2. 铰，链杆，三链杆，铰，链杆，三链杆。

3. 三个铰，三个铰。

二、D，C，A，B。

三、√，√，×。

四、1. a) 几何不变，且无多余约束；

b) 几何不变，且无多余约束。

2. a) 几何可变；

b) 几何不变，且无多余约束。

3. a) 几何不变，且无多余约束；

b) 几何不变，有两个多余约束。

4. a) 几何可变；

b) 几何不变，且无多余约束。

练习三十三

一、1. 简支梁，外伸梁，悬臂梁，轴力，剪力，弯矩。

2. 截面法，外力，上，下，外力矩，顺，逆。

3. 水平线，斜直线，斜直线，二次曲线。

4. 简支梁，简支梁。

5. 集中力，集中力偶，分布荷载，铰，刚。

6. 控制截面，控制截面，实直线，虚直线，虚直线。

二、1. B、D，A、B，D。2. A，C，D，B。

三、1. ×。2. √。

四、a) $M_{max} = 7Fl/32$，b) $M_{max} = Fl/2$，c) $M_{max} = 3ql^2/32$，d) $M_{max} = 140kN \cdot m$。

练习三十四

一、1. 简支，水平，直线。

2. 弯矩，剪力，轴力。

3. 铰链，基本，附属，基本，附属。

4. 附属部分，基本部分。

二、A，C，B。

三、1. $M_K = 3kN \cdot m$，$F_Q = -1.73kN$，$F_N = 1kN$。

2. $F_B = F$，$F_D = 2F$，$M_A = Fl$，$F_{Ax} = 0$，$F_{Ay} = 0$，$M_A = Fl$，$M_D = Fl$，$M_E = Fl$。

3. $F_C = 4kN$，$F_B = 4kN$，$F_D = 9kN$，$F_A = 3kN$，$M_G = 2kN \cdot m$，$M_D = -4kN \cdot m$，$M_E = 6kN \cdot m$。

练习三十五

一、1. 刚结点，静定，超静定，超静定，框架。

2. 悬臂，简支，三铰，组合。

3. 弯矩，剪力，轴力。

4. 受拉，顺时针，拉力。

二、B，B，B，D，E，E，D。

三、1. a) $M_{CB} = M_0$，$M_{CA} = M_0$，$M_{AC} = M_0$；

b) $M_{CB} = 0$，$M_{CB} = M_{BA} = M_{AB} = -ql^2/2$。

2. $F_D = ql/2$，$F_{Ax} = -ql$，$F_{Ay} = -ql/2$，$M_{AB} = 0$，$M_{DC} = 0$，$M_{CD} = M_{CB} = 0$，$M_{BC} = M_{BA} = ql^2/2$，$F_{QAB} = ql$，$F_{QBA} = 0$，$F_{QBC} = -ql/2$，$F_{QCD} = 0$，$F_{NAB} = ql/2$，$F_{NBC} = 0$，$F_{NCD} = -ql/2$。

3. $M_{AB} = 0$，$M_{BA} = M_{BC} = -ql^2/2$，$M_{CB} = 0$，$M_{CD} = M_{ED} = 0$，$M_{DC} = M_{DE} = -ql^2/2$。

练习三十六

一、1. 铰链，铰结点，直线，铰结点。

2. 简单，联合，复杂。

3. 结点，截面，联合，结点，结点，截面，结点，截面。

4. 零力杆。

二、1. $F_{N12} = F_{N24} = F_{N810} = F_{N910} = F_{N56} = 0$，$F_{N16} = F_{N69} = 0$。

2. $F_{13} = F_{25} = -180kN$，$F_{34} = F_{54} = -120kN$，$F_{37} = F_{57} = -60kN$，$F_{36} = F_{58} = 0$，$F_{47} = 60kN$，$F_{16} = F_{67} = F_{28} = F_{87} = 155.9kN$。

3. $F_a = 25kN$，$F_b = 17.7kN$，$F_c = 12.5kN$。

练习三十七

一、1. 曲杆，水平，拱式，梁式。
   2. 简支梁，轴向压力。
   3. 起拱线，跨度，拱顶，拱高，拱轴线，拱趾，高跨比。
   4. 简支梁，简支梁。
   5. 等于零，二次抛物线，悬链线，圆弧线。
   6. 链，梁式，梁式杆，链杆。

二、1. $M_K = 67.5\text{kN}\cdot\text{m}$，$F_{QK} = 41\text{kN}$，$F_{NK} = 127.3\text{kN}$。
   2. $F_{NCA} = F_{NDB} = \sqrt{2}F$，$F_{NCE} = F_{NDG} = -F$，$M_{AE} = 0$，$M_{EA} = -Fa$，$M_{GB} = -Fa$，$M_{BG} = 0$。

练习三十八

一、1. 移动，转动，线位移，角位移，形心，转动。
   2. 温度改变，误差，移动。
   3. 广义，广义，线位移，角位移。
   4. 自身，其他因素。
   5. 位移，位移。
   6. 单位荷载。

二、1. A，C，D。 2. B，C，D。

三、1. a) $\Delta_{By} = -\dfrac{M_0 l^2}{2EI}(\uparrow)$，$\theta_B = \dfrac{M_0 l}{EI}$；
      b) $\Delta_{Ay} = -\dfrac{Fl^3}{3EI}(\downarrow)$，$\theta_A = \dfrac{Fl^2}{2EI}$。
   2. $\Delta_{By} = \dfrac{7.26Fl}{EA}(\downarrow)$，$\Delta_{Bx} = -\dfrac{\sqrt{3}Fl}{EA}(\leftarrow)$。

练习三十九

一、1. 直，常量，直线。
   2. 面积 A，竖标 y_C，EI。
   3. 直线，同侧，异侧。

二、a) 错，竖标不在直线弯矩图上；b) 错，竖标不在直线段弯矩图上；c) 对，竖标在直线弯矩图上。

三、a) $\Delta_{By} = -\dfrac{M_0 l^2}{2EI}(\uparrow)$，$\theta_B = \dfrac{M_0 l}{EI}$；

b) $\Delta_{Ay} = \dfrac{Fl^3}{3EI}(\downarrow)$，$\theta_A = \dfrac{Fl^2}{2EI}$；

c) $\Delta_{By} = \dfrac{ql^4}{8EI}(\downarrow)$，$\theta_B = \dfrac{ql^3}{6EI}$；

d) $\Delta_{Cy} = \dfrac{M_0 l^2}{16EI}(\downarrow)$，$\theta_C = \dfrac{M_0 l}{3EI}$。

练习四十

一、1. 实际荷载，虚拟状态，面积 A，竖标 y_C，A，y_C。
   2. 任一，面积，y_C，分段，三角形，三角形。

二、a) 错，没有分段计算；b) 错，没有分段计算；c) 错，竖标应是对应直线弯矩图竖标。

三、a) $\Delta_{Bx} = \dfrac{Fl^3}{2EI}(\rightarrow)$，$\theta_C = \dfrac{Fl^2}{EI}$；

b) $\theta_C = \dfrac{ql^3}{24EI}$，$\Delta_{Cx} = \dfrac{ql^4}{24EI}(\rightarrow)$；

c) $\Delta_{Dx} = \dfrac{2Fl^3}{3EI}(\rightarrow)$。

练习四十一

一、1. 虚设单位力，实际位移。
   2. 虚功，虚功。
   3. 位移，位移。
   4. 单位位移，单位位移。

二、略。

三、$\Delta_{Cx} = b$，$\Delta_{Cy} = 0$。

练习四十二

一、1. 多余约束，多余约束，X_i，力，位移。
   2. 多余约束，多余未知力，典型方程。
   3. 基本结构，基本体系，基本未知量。
   4. $\delta_{11} X_1 + \Delta_{1P} = 0$。

二、1. A，B，C，A。 2. B，C、D，A。

三、1. $X_1 = 3ql/8$，$M_{AB} = ql^2/8$，$M_{BA} = 0$。
   2. $X_1 = 3F/8$，$M_{AC} = -5Fl/8$，$M_{CA} = M_{CB} = 3Fl/8$，$M_{BC} = 0$。

练习四十三

一、1. $\delta_{11} X_1 + \delta_{12} X_2 + \Delta_{1P} = 0$，

$\delta_{21}X_1 + \delta_{22}X_2 + \Delta_{2P} = 0$。

2. $\delta_{11}X_1 + \delta_{12}X_2 + \delta_{13}X_3 + \Delta_{1P} = 0$,

$\delta_{21}X_1 + \delta_{22}X_2 + \delta_{23}X_3 + \Delta_{2P} = 0$,

$\delta_{31}X_1 + \delta_{32}X_2 + \delta_{33}X_3 + \Delta_{3P} = 0$。

3. 多余约束

二、略。

三、$X_1 = -\dfrac{3F}{32}$, $X_2 = \dfrac{F}{2}$, $M_{AC} = -\dfrac{3Fl}{32}$, $M_{CB} = M_{CA} = -\dfrac{3Fl}{32}$; 图略。

练习四十四

一、1. 角位移,线位移,位移法,线位移,角位移,内力。

2. 基本未知量,计算单元,角位移,线位移。

3. 刚臂,链杆,基本结构。

4. 固定,固定,铰支,固定,定向。

5. 转角位移方程。

二、A, A, A, B。

三、a) $4i\theta_A$, $2i\theta_A$; b) $3i\theta_A$, $M_{BA} = 0$; c) $i\theta_A$, $-i\theta_A$。

四、1. $M_{AB} = -\dfrac{ql^2}{14}$, $M_{BA} = \dfrac{3ql^2}{28}$,

$M_{BC} = -\dfrac{3ql^2}{28}$。

2. $M_{AC} = \dfrac{ql^2}{40}$, $M_{CA} = \dfrac{ql^2}{20}$, $M_{CB} = -\dfrac{ql^2}{20}$。

练习四十五

一、1. 未知量,转角位移,基本方程,未知量,内力,内力图。

2. 转角,力矩。

3. 静力,力矩。

二、1. $M_{AB} = \dfrac{3Fl}{80}$, $M_{BA} = \dfrac{3Fl}{40}$,

$M_{BC} = -\dfrac{21Fl}{160}$, $M_{BD} = \dfrac{9Fl}{160}$; 图略。

2. $M_{AB} = \dfrac{19ql^2}{120}$, $M_{BA} = -\dfrac{7ql^2}{120}$,

$M_{BC} = -\dfrac{3ql^2}{40}$, $M_{BD} = \dfrac{2ql^2}{15}$, $M_{DB} = \dfrac{ql^2}{15}$; 图略。

练习四十六

一、1. 位移法,连续梁,刚架。

2. 单位长度,转动,转动刚度,转动刚度,不平衡力矩,传递,分配。

3. 结点,弯矩,力矩,力矩,力矩,力矩,力矩,近端,远端,弯矩,力矩,力矩,弯矩。

二、A, B, C, D。

三、1. $M_{AB} = -14.4\text{kN}\cdot\text{m}$, $M_{BA} = 19.2\text{kN}\cdot\text{m}$, $M_{BC} = -19.2\text{kN}\cdot\text{m}$, $M_{CB} = 0$; 图略。

2. $M_{AB} = -24.8\text{kN}\cdot\text{m}$, $M_{BA} = 14.4\text{kN}\cdot\text{m}$, $M_{BC} = -4.8\text{kN}\cdot\text{m}$, $M_{CB} = 0$, $M_{BD} = -9.6\text{kN}\cdot\text{m}$, $M_{DB} = -4.8\text{kN}\cdot\text{m}$; 图略。

练习四十七

一、弯矩,弯矩,弯矩,弯矩,弯矩,弯矩。

二、1. $M_{AB} = -26.3\text{kN}\cdot\text{m}$, $M_{BA} = 7.5\text{kN}\cdot\text{m}$, $M_{BC} = -7.5\text{kN}\cdot\text{m}$, $M_{CB} = 4.2\text{kN}\cdot\text{m}$, $M_{CD} = -4.2\text{kN}\cdot\text{m}$, $M_{DC} = 0$。

2. $M_{AB} = 10.5\text{kN}\cdot\text{m}$, $M_{BA} = 20.9\text{kN}\cdot\text{m}$, $M_{BC} = -20.9\text{kN}\cdot\text{m}$, $M_{CB} = 35\text{kN}\cdot\text{m}$, $M_{CD} = -26.5\text{kN}\cdot\text{m}$, $M_{CE} = -8.5\text{kN}\cdot\text{m}$, $M_{DC} = 0$, $M_{EC} = 0$。

练习四十八

一、1. 集中荷载,变化规律。

2. 单位荷载,影响线方程,影响线方程。

3. 虚功原理,静力问题,位移图。

二、略。